Natasha Sawhney

Teste cutâneo da tuberculina: Novos conhecimentos

Natasha Sawhney

Teste cutâneo da tuberculina: Novos conhecimentos

ScienciaScripts

Cover image: www.ingimage.com

This book is a translation from the original published under ISBN 978-620-2-00771-9.

Publisher:
Sciencia Scripts
is a trademark of
Dodo Books Indian Ocean Ltd. and OmniScriptum S.R.L publishing group

120 High Road, East Finchley, London, N2 9ED, United Kingdom
Str. Armeneasca 28/1, office 1, Chisinau MD-2012, Republic of Moldova, Europe
Printed at: see last page
ISBN: 978-620-7-93984-8

ÍNDICE DE CONTEÚDOS

RECONHECIMENTO

A realização deste livro não teria sido possível sem a participação e a ajuda de algumas pessoas especiais. As suas contribuições são sinceramente apreciadas e reconhecidas com gratidão. Agradeço à Dra. Varsha A. Singh e à Dra. Sonia Mehta pelo seu apoio e espírito de bondade e compreensão. À minha família, amigos e outros que, de uma forma ou de outra, partilharam o seu apoio. Acima de tudo, ao Grande Todo-Poderoso, o autor do conhecimento e da sabedoria, pelo seu amor incondicional.

INTRODUÇÃO

O "capitão de todos estes homens da morte", a tuberculose (TB) tem sido um flagelo da humanidade desde tempos imemoriais. Até à data, nenhuma outra doença na história iguala a magnitude da miséria infligida pela tuberculose à raça humana em termos de morbilidade e mortalidade. As consequências sociais e económicas da tuberculose tiveram um efeito profundo na existência humana. A marcha inexorável do tempo testemunhou a mudança da face da tuberculose: de uma doença incurável para a esperança de ser uma doença eminentemente curável. No entanto, ainda hoje a TB continua a ser um inimigo formidável que ameaça aniquilar a raça humana.[1] De acordo com o modelo de história natural, um caso de TB infecciosa é suscetível de infetar aproximadamente 10 pessoas por ano durante 2 anos, gerando assim 20 indivíduos infectados.[2] Esta natureza contagiosa da tuberculose (TB) foi conhecida e descrita pela primeira vez por Hipócrates e Galeno.[3] Esta doença bacteriana bem conhecida há mais de 5000 anos continua a infetar a população mundial, com um acréscimo diário de 5000 novos casos e a perda de duas vidas a cada três minutos.[4] É uma doença de grande antiguidade e tem causado mais sofrimento e morte do que qualquer outra infeção.[5] Contribui consideravelmente para a doença e a morte em todo o mundo, cobrando um pesado tributo aos cidadãos mais vulneráveis do planeta. O fardo global da tuberculose continua a ser enorme.

Em 2011, registaram-se cerca de 8,7 milhões de novos casos de tuberculose, o que equivale a 125 casos por 100 000 habitantes, e 1,4 milhões de pessoas morreram de tuberculose.[6] A Índia tem o maior fardo de tuberculose do mundo, sendo responsável por cerca de um quinto da incidência global - cerca de dois milhões de casos por ano. Da incidência anual global estimada em 9,4 milhões de casos de TB, estima-se que 2 milhões ocorreram na Índia, contribuindo assim para um quinto do fardo global da TB. Em 2009, a prevalência da TB na Índia foi estimada em 249 por 100 000 habitantes e a mortalidade devida à TB é de 23 por 100 000 habitantes. Estima-se que 40% da população indiana esteja infetada com o bacilo da tuberculose.[7]

Os antecedentes históricos da tuberculose (TB), como uma das principais causas de mortalidade na história da humanidade, remontam aos milénios anteriores. As investigações paleopatológicas revelaram indícios de tuberculose nos esqueletos do período Neolítico, bem como em algumas lesões da coluna vertebral das múmias egípcias.[8] Em meados do século XVII, Sylvius (François de le Boe) e René Theophile-Hyacinthe Laennec descreveram o tubérculo e postularam que o tubérculo era uma estrutura comum detectada em todas as formas da doença. No entanto, apesar de o agente etiológico da doença não ter sido identificado, o termo "tuberculose" foi utilizado pela primeira vez por Shonlein em 1830. Cinquenta e dois anos mais tarde, em março de 1882, Robert Koch comunicou a descoberta do agente etiológico que causa a tuberculose (o bacilo da tuberculose). Este é provavelmente um dos acontecimentos mais importantes da história da medicina.[3]

É conveniente dividir as micobactérias de interesse clínico entre as associadas à TB - o complexo *Mycobacterium Tuberculosis* ou MTC - e outras micobactérias que podem estar associadas.[9] O género Mycobacterium é normalmente separado em dois grandes grupos com base na sua taxa de crescimento. Um grupo inclui espécies de crescimento lento, como os bem conhecidos agentes patogénicos *Mycobacterium tuberculosis, Mycobacterium bovis* e *Mycobacterium leprae* (agentes etiológicos da tuberculose humana, da tuberculose bovina e da lepra, respetivamente); o outro grupo reúne espécies de crescimento rápido, como o *Mycobacterium smegmatis,* que, em geral, são bactérias oportunistas ou não patogénicas. O complexo *Mycobacterium tuberculosis* refere-se a um grupo de espécies *(M. tuberculosis, Mycobacterium canettii, Mycobacterium africanum, Mycobacterium microti, M. bovis, Mycobacterium caprae* e *Mycobacterium pinnipedii)* que são geneticamente muito semelhantes. Destas espécies, *o M. tuberculosis* é o membro mais conhecido, infectando mais de um terço da população humana mundial; também é capaz de infetar animais que têm contacto com humanos. *O M. canettii* e *o M. africanum*, estreitamente relacionados com o *M. tuberculosis*, também podem causar TB humana e são normalmente isolados de doentes africanos ou de ascendência africana. *O M. bovis* apresenta o espetro mais amplo de infeção do hospedeiro, afectando os seres humanos, os bovinos domésticos ou selvagens e as cabras. *O M. caprae* foi isolado apenas de caprinos. *O M. microti* é um agente patogénico de roedores, normalmente isolado de ratazanas, que também pode causar doença em doentes humanos imunocomprometidos. Finalmente, *o M. pinnipedii* infecta focas.[10] O membro mais notável de todos é o *M. tuberculosis*, o agente causador da tuberculose humana que tem um tropismo exclusivo pelo hospedeiro. A tuberculose é principalmente uma doença transmitida pelo ar, uma vez que os bacilos infecciosos são inalados sob a forma de gotículas da atmosfera.[11] Podem ocorrer diferentes resultados após a inalação de uma gotícula infecciosa contendo *M. tuberculosis.* A probabilidade de desenvolvimento de tuberculose clínica ativa após ser infetado com *M. tuberculosis* é muito pequena. Menos de 10% das pessoas infectadas desenvolvem sintomas e sinais de doença ativa ao longo da vida.[12] Os sintomas típicos da tuberculose pulmonar ativa incluem febre, suores noturnos, perda de peso, tosse e dores no peito.[13] As tábuas de argila cuneiforme da Mesopotâmia, traduzidas pelo académico francês Labat e publicadas em 1951, também continham uma descrição exacta do quadro clínico da tuberculose pulmonar, nos seguintes termos:" *O doente tosse continuamente. O que ele tosse é espesso e frequentemente sanguinolento. A sua respiração parece uma flauta. A mão está fria, os pés estão quentes. Transpira facilmente e a atividade cardíaca é perturbada".*

A maioria dos indivíduos imunocompetentes elimina o Mycobacterium tuberculosis ou contém-no num estado latente em que se estabelece um equilíbrio entre o hospedeiro e o agente patogénico. A infeção latente pelo Mycobacterium tuberculosis (LTBI) é uma condição clínica que ocorre depois de um indivíduo ser infetado pelo *Mycobacterium tuberculosis*, de a infeção se estabelecer e de a resposta imunitária do hospedeiro conter os bacilos do Mycobacterium tuberculosis num estado quiescente, impedindo assim a replicação ativa e os danos nos tecidos. Os bacilos *Mycobacterium tuberculosis* estão presentes nos tecidos do hospedeiro, mas não há sintomas clínicos ou sinais de tuberculose ativa. É importante notar que a reativação dos bacilos Mycobacterium tuberculosis latentes pode ocorrer em qualquer altura da vida do indivíduo infetado, dependendo do enfraquecimento da imunidade devido a doenças crónicas como a diabetes, a doença hepática alcoólica, a co-infeção por VIH e a utilização de esteróides ou outros fármacos imunossupressores.[12] A ILTB é biologicamente importante porque representa um estado de contenção bacilar a longo prazo. A distribuição geográfica da ILTB reflecte amplamente a da TB ativa, com a prevalência mais elevada na África Subsariana e no subcontinente indiano.[14]

De acordo com a Organização Mundial de Saúde (OMS), mais de 2 mil milhões de pessoas no mundo estão infectadas de forma latente com M. tuberculosis (OMS, Global Tuberculosis Control, 2010).[15] Isto representa um enorme reservatório de longa duração de potencial doença da TB. A modelação matemática sugere que a eliminação da TB não pode ser alcançada apenas com estratégias de deteção e gestão de casos e que um progresso mais rápido no controlo da TB exige a implementação de intervenções adicionais para atingir este enorme reservatório.[13] O objetivo da despistagem da ILTB é identificar as pessoas que correm um risco acrescido de desenvolver TB e que beneficiariam do tratamento da infeção. Isto inclui os profissionais de saúde e as pessoas que tiveram contacto recente com alguém que tem TB ativa, bem como as pessoas com doenças subjacentes.[16] Os profissionais de saúde apresentam um maior risco de infeção em comparação com a população em geral. Um período mais longo de emprego como profissional de saúde, o diagnóstico tardio da doença por parte do doente, a categoria profissional, determinados locais de trabalho como instalações de internamento de TB, laboratório, medicina interna e instalações de emergência, para além da falta de proteção respiratória adequada, são factores que podem contribuir para a infeção.[17] Assim, a identificação e o tratamento de pessoas com infecções latentes é uma importante medida de saúde pública, pois não só previne a ocorrência de TB ativa em indivíduos com infeção latente, como também evita a propagação interpessoal da doença. Conhecer os testes disponíveis e saber como interpretar e aplicar corretamente os resultados é o primeiro passo para reconhecer os doentes em risco e proporcionar o tratamento adequado. A decisão de efetuar um teste pressupõe a decisão de tratar se o resultado do teste for positivo.[16]

A prova tuberculínica (TTS) é uma das ferramentas para a identificação da tuberculose latente e é um teste auxiliar para o diagnóstico da tuberculose ativa. Os resultados da prova tuberculínica orientam a abordagem terapêutica da tuberculose latente.[18] A prova tuberculínica cutânea (TTS), também designada por teste de Mantoux, é o método mais aceite de rastreio da tuberculose latente. Os inquéritos tuberculínicos são realizados extensivamente entre as crianças para estimar a prevalência da infeção por tuberculose (TB). Estas estimativas são úteis para medir a extensão da transmissão da infeção pelo *Mycobacterium tuberculosis* numa comunidade.[19] Desde a sua introdução no final do século XIX, o teste da tuberculina tem sido continuamente aperfeiçoado na sua formulação, padronização e dosagem, bem como na sua interpretação e indicações de utilização. [20th]A tuberculina, um filtrado de cultura de tuberculose morto pelo calor, foi desenvolvida, sem sucesso, como terapia para a tuberculose no final do século XIX. O seu potencial diagnóstico para a ILTB foi, no entanto, reconhecido, uma vez que provocava uma reação de hipersensibilidade retardada facilmente visualizável em indivíduos com infeção oculta. Este teste de diagnóstico, aperfeiçoado ao longo de 40 anos, ainda hoje é utilizado através da medição do endurecimento formado 48-72 horas após a injeção intradérmica de um derivado proteico purificado da tuberculina. Este teste cutâneo da tuberculina tem orientado a nossa compreensão da epidemiologia da tuberculose latente. Após a exposição a um indivíduo infecioso com tuberculose pulmonar, até 45% dos contactos próximos tornam-se positivos ao teste tuberculínico. Cinco a 10% destes indivíduos desenvolverão a doença, a maioria nos primeiros 5 anos, com o risco a diminuir rapidamente após o primeiro ano. Apesar deste risco decrescente ao longo do tempo, foram documentados períodos de "latência" superiores a 30 anos. A extrapolação dos inquéritos de despistagem indica que aproximadamente 1/3 da população mundial terá uma despistagem positiva, pelo que a inferência representa a proporção infetada com TB.[21]

Nas décadas de 1940 e 1950, foi determinada a dosagem "óptima" de tuberculina.

A partir dos estudos, concluiu-se que 5 UT era a dose que proporcionava o "melhor" equilíbrio entre sensibilidade e especificidade. Historicamente, a dose de 10 UT tem sido utilizada em muitos países para efetuar o teste tuberculínico, enquanto que em alguns países a dose padrão utilizada é de 5 UT.[22] Algumas pessoas são intrinsecamente pouco reactivas e noutras a reatividade é reduzida devido a doença avançada, desnutrição e imunossupressão, incluindo a infeção pelo VIH.[5]

Assim, tendo este facto em mente, este estudo revê a história desta técnica, que está intimamente ligada ao simbolismo e à mitologia de uma doença que, em tempos, foi conhecida como a peste branca, com o objetivo de calcular a prevalência da positividade da tuberculina em diferentes categorias de pessoas através de procedimentos padrão utilizando 5 unidades de tuberculina. Todos os casos negativos serão submetidos a 10 unidades de tuberculina no mesmo volume, para que os casos com baixa reatividade não passem despercebidos.

REVISÃO DA LITERATURA:

Desde a antiguidade, existem referências à tuberculose ou a doenças semelhantes à tuberculose em várias partes do mundo e em muitas civilizações. A referência mais antiga à tuberculose pode ser encontrada na língua *Samskritam (sânscrito)*. Nas antigas escrituras indianas, *os Vedas,* a tuberculose era referida como *Yakshma* (que significa doença debilitante). A descrição de uma doença semelhante à tuberculose foi documentada na antiga literatura chinesa e árabe. Na literatura inglesa, a palavra "consumption" (derivada da palavra latina *consumer)* também foi utilizada para descrever a TB. A palavra "tuberculose" parece ter sido derivada da palavra latina *tubercula* (que significa "um pequeno caroço").[1]

Fracastorius (1443-1553) acreditava que a tuberculose era contagiosa. Thomas Willis

(1621-1675), um médico inglês, documentou em pormenor a apresentação clínica do consumo. No seu tratado *Pthisiologica,* Richard Morton (1637-1698) descreveu vários aspectos patológicos da TB e foi o primeiro a afirmar que os tubérculos estavam sempre presentes na TB. John Jacob Manget fez a descrição da TB miliar clássica em 1700. Em 1720, Benjamin Marten, um médico inglês, conjecturou que a TB poderia ser causada por "certas espécies de animalcula ou criaturas vivas maravilhosamente minúsculas". A primeira grande descoberta foi feita por Jean-Antoine Villemin (1827-1892) que, em 1865, demonstrou, através de experiências com animais, que a tuberculose podia ser inoculada do homem ou da vaca para o coelho ou para a cobaia e que a expetoração de um doente podia infetar um coelho com tuberculose. O governo britânico criou uma comissão para investigar estas alegações e Sir John Burdon Sanderson e Sir John Simon confirmaram as conclusões de Villemin. [23] Em 1865, Jean Antoine Villemin apresentou os seus resultados, sugerindo que a tuberculose era uma doença contagiosa.[1] Em 1877, Cohnheim e Salamonsen inocularam com sucesso a tuberculose na câmara anterior do olho de um coelho e conseguiram infetar cães com tuberculose, expondo-os à inalação de gotículas de material infetado. Foi nesta altura que o médico alemão Robert Koch, laureado com o Prémio Nobel da Medicina e fundador da ciência da bacteriologia, se lançou na busca do bacilo da tuberculose.[23] Finalmente, anunciou a descoberta do bacilo da tuberculose durante a reunião mensal nocturna da Sociedade Fisiológica de Berlim, em 24th de março de 1882. Neste dia, após milhares de anos, o *Mycobacterium tuberculosis,* o organismo causador da tuberculose, revelou-se finalmente aos seres humanos.[1] À medida que a notícia se espalhava pelo mundo, Koch tornou-se, quase de um dia para o outro, um nome conhecido, e "bacilo de Koch" e "doença de Koch" entraram no jargão médico. A descoberta do bacilo da tuberculose por Robert Koch em 1882 foi um acontecimento importante na história da medicina, um ponto de viragem na nossa compreensão e conquista dessa doença mortal que tinha atormentado a humanidade durante milénios. Após séculos de especulação quanto à possível natureza infecciosa da tuberculose, Koch provou de forma conclusiva que a causa da doença era a infeção por um microrganismo específico que isolou. Na tuberculose, tanto a semente como o solo desempenham o seu papel, mas sem a semente - o bacilo da tuberculose - não há doença.[23] Comemorando o centenário deste acontecimento, desde 1982, o dia 24th de março é celebrado em todo o mundo como "Dia Mundial da Tuberculose". [th]Assim, foi nos primeiros anos do século XX que se estabeleceram os conceitos básicos relacionados com o agente etiológico da TB, as consequentes alterações patológicas nos seres humanos e a deteção do organismo.[1]

O nome genérico Mycobacterium foi introduzido por Lehmann e Neumann em 1896. Os organismos foram assim designados devido ao crescimento peculiar destes organismos, semelhante a um bolor [myco: fungo; bacterium: bactéria]. O género mycobacterium é o único género da família Mycobacteriaceae e da ordem Actinomycetales. Este género compreende mais de 50 espécies e está dividido em vários grupos[24] O primeiro grupo compreende principalmente o complexo *Mycobacterium tuberculosis*[25] , que inclui o principal agente patogénico *M. tuberculosis,* bem como *M. Africanum*[26, 27] , *M. bovis*[28] , *M. bovis BCG, M. canettii*[29] , *M. caprae*[30] , *M.microti*[31] e *M. pinnipedii*[32] . A segunda micobactéria patogénica para o homem é o bacilo da lepra, que causa a lepra. Embora esta tenha sido a micobactéria descrita pela primeira vez, é a menos compreendida porque, até à data, não foi possível cultivá-la de forma convincente invitro. O terceiro grupo de micobactérias é um grupo misto de isolados de diversas origens. Foram inicialmente designados por micobactérias atípicas e amplamente categorizados como fotocromogénicos, escotocromogénicos, não fotocromogénicos e de crescimento rápido.[33] O membro mais notável de todos é o *M. tuberculosis,* o agente causador da tuberculose humana, que tem um tropismo exclusivo pelo hospedeiro.[11] **A tuberculose pulmonar** pode ser classificada como primária e pós-primária (secundária).

A tuberculose primária resulta de infecções iniciais com bacilos da tuberculose. Em áreas de elevada prevalência de infeção por tuberculose, esta forma de doença é frequentemente

A tuberculose primária é observada em crianças e está frequentemente localizada nas zonas média e inferior do pulmão.[34] **Weber AL et al (1968)**[35] realizaram um estudo sobre a tuberculose primária na infância, com especial ênfase nas alterações que afectam a árvore traqueobrônquica, onde a maioria dos casos de tuberculose primária em crianças é detectada através de métodos de deteção de casos ou devido a uma doença que não responde à quimioterapia antimicrobiana. Os sintomas são geralmente de natureza ligeira ou estão ausentes. Os mais frequentes são a febre, a tosse e a perda de peso. A tuberculose primária em crianças é caracterizada por infiltrados pulmonares com gânglios linfáticos aumentados associados nas áreas hilar e paratraqueal e no mediastino, predominantemente na área de bifurcação da traqueia. As infiltrações são frequentemente homogéneas, mal definidas e podem envolver todo um lobo. **A N Leung et al (1992)**[36] estudaram as manifestações radiológicas em crianças que sofrem de tuberculose primária. No primeiro estudo, foram examinadas 191 crianças ,

A linfadenopatia, presente em 92% dos casos , foi a mais comum

A anormalidade mais comum identificada na radiografia de tórax inicial foi a região hilar e paratraqueal. As anomalias parenquimatosas, identificadas em 70% dos casos, ocorreram mais frequentemente no pulmão direito. As crianças com idades compreendidas entre os 0 e os 3 anos apresentaram uma maior prevalência de anomalias parenquimatosas do que as crianças mais velhas.

Sakhelashvili MI et al (1998)[37] efectuaram uma avaliação clínica e radiológica exaustiva em 495 doentes com tuberculose primária com mais de 18 anos de idade. O padrão clínico das formas primárias do processo específico foi caracterizado pela predominância de tuberculose dos gânglios linfáticos intratorácicos (forma tumoral), tuberculose infiltrativa de localização pararoide ou nos lobos inferiores e pleurisia exsudativa. A tuberculose primária foi diagnosticada em 56,4% dos adultos. **Jose M. Merino et al (2001)**[38] estudaram 104 doentes consecutivos com idades compreendidas entre os 0 e os 18 anos, revelando o diagnóstico de tuberculose pulmonar primária. O diagnóstico de tuberculose pulmonar primária baseou-se numa radiografia de tórax com características sugestivas de tuberculose e em dois ou mais dos seguintes critérios (1) sinais e sintomas sugestivos; (2) contacto direto com um adulto tuberculoso, resultado positivo ou negativo da baciloscopia; (3) resultado positivo da prova tuberculínica; (4) deteção positiva de M. Tuberculosis por coloração ou cultura; e (5) boa resposta à quimioterapia anti-tuberculosa.

A doença pós-primária, também designada por tipo adulto, reativação ou tuberculose secundária, resulta da reativação endógena da infeção latente e localiza-se geralmente nos segmentos apical e posterior dos lobos superiores, onde a elevada concentração de oxigénio favorece o crescimento micobacteriano.[34] **Jason R. Shewchuk et al (2001)**[39] avaliaram a tuberculose pediátrica pós-primária. Os achados radiográficos da tuberculose pulmonar pediátrica pós-primária incluem consolidação e cavitações do lobo superior, opacidades multifocais mal definidas do espaço aéreo, evidência de tuberculose pulmonar prévia e espessamento pleural apical. Os derrames pleurais e a linfadenopatia não estão normalmente presentes. Embora a doença pós-primária não afecte tipicamente crianças pequenas, cinco das crianças desta série tinham menos de dez anos de idade na altura da apresentação. A possibilidade de TB pós-primária deve ser considerada em doentes pediátricos em risco de contrair esta doença que apresentem consolidação pulmonar do lobo superior e cavitações. Estes doentes são altamente infecciosos e o reconhecimento e tratamento precoces podem limitar a transmissão da TB.

Os locais **extra-pulmonares** mais frequentemente envolvidos na tuberculose são os gânglios linfáticos, a pleura, o trato geniturinário, os ossos e o peritoneu; no entanto, praticamente todos os sistemas de órgãos podem estar envolvidos.[34] **Ali Mert (2001)**[40] estudou a Tuberculose Miliária: manifestações clínicas, diagnóstico e resultados em 38 adultos. As condições predisponentes estavam presentes em 24% dos doentes. Os achados foram febre, fraqueza, suores noturnos, anorexia/perda de peso (100% para cada), hepatomegalia (37%), esplenomegalia (32%), tubérculos coroidais (13%), rigidez cervical (11%), alteração do estado mental (8%), anemia (76%), leucopenia (25%), trombocitopenia (16%), linfopenia (76%), pancitopenia (8%) e hipertransaminasemia (55%). Foram encontrados infiltrados militares nas radiografias de tórax de 32 dos 38 casos (84%). Em seis casos sem infiltrados militares, o diagnóstico foi feito por laporotomia em quatro casos e autópsia em dois casos. **Nakao et al (2000)**[41] afirmaram que, na tuberculose esquelética, o início dos sintomas era geralmente insidioso e não era acompanhado de manifestações gerais alarmantes, como febre, suores noturnos, toxicidade ou fraqueza extrema. Dos doentes afectados pela tuberculose esquelética, 50% apresentavam lesões na coluna vertebral, 30% tinham doença na anca ou no joelho e 20% estavam infectados noutros locais menos conhecidos, como o púbis, o ombro e a articulação sacroilíaca.

S. Aktogu et al (1996)[42] avaliaram as **manifestações clínicas** da tuberculose e incluíram no estudo 5480 doentes que sofriam de tuberculose pulmonar e pleural. Todos os doentes, exceto 36, apresentavam sintomas comuns como tosse (90%), expetoração de expetoração (65%), anorexia e perda de peso (64%), suores noturnos e arrepios (62%), dor no peito (37%), hemoptise (29%) e dispneia.

Aguado Jose M et al (1997)[43] realizaram um estudo sobre a manifestação clínica e o resultado da tuberculose em receptores de transplantes de rim, fígado e coração em Espanha. A localização foi pulmonar em 63% dos casos, disseminada em 25% e extra-pulmonar em 12%. A febre foi o sintoma mais frequente, seguido de sintomas constitucionais, tosse, insuficiência respiratória e dor pleurítica. Quinze doentes (33%) desenvolveram hepatotoxicidade durante o tratamento; a hepatotoxicidade foi grave em sete casos. A hepatotoxicidade foi maior nos doentes que tomaram quatro ou mais fármacos antituberculosos do que nos doentes que receberam três fármacos.

El-Sony et al (2005)[44] avaliaram os sintomas dos doentes que frequentam os serviços de diagnóstico da tuberculose pulmonar no Sudão. Entre os doentes com tuberculose pulmonar, a maioria queixava-se de tosse (94,5%), perda de peso (91,6%), febre (78,2%), suores noturnos (62,8%), falta de ar (74,8%), dor no peito (57,7%) e uma proporção menor de hemoptise

(19,8%). **English et al (2006)**[45] realizaram um estudo transversal para avaliar a exatidão diagnóstica das directrizes de diagnóstico integradas para a identificação de doentes com sintomas respiratórios que requerem o rastreio da tuberculose pulmonar. Os sintomas mais comuns em doentes com tuberculose comprovada foram a tosse (100%), seguida de dificuldade em respirar (70%), nova produção de expetoração (63%), perda de peso (50%) e suores noturnos (50%).

Jagdish Rawat et al (2008)[46] referiram que a sintomatologia da tuberculose pulmonar em 138 doentes apresentava uma menor prevalência de febre, suor noturno e hemoptise, bem como uma maior prevalência de dispneia. **Muhammad Atiq-ur-Rehman (2009)**[47] avaliou que as características clínicas mais comuns eram a febre, a perda de peso e a tosse em todos os casos. Outras características clínicas comuns foram suores noturnos (85,3%), produção (73,1%) e crepitações à auscultação do tórax (68,29%). **S M Mostofa Kamal et al (2009)**[48] avaliaram a utilização da cultura de micobactérias para o diagnóstico de casos negativos de baciloscopia entre os novos pacientes de ambulatório no NIDCH, Daca, em 277 pacientes com suspeita radiológica. Os sintomas mais comuns nos doentes eram tosse (25%), tosse com febre baixa (33%), tosse com perda de peso (20%), tosse, hemoptise com ou sem febre (8%) e tosse com sintomas constitucionais (13%). **Morehead et al (1998)**[49] efectuaram um estudo sobre a tuberculose da pleura e os sintomas mais comuns foram a tosse (71-94%), a febre (71-100%), a dor torácica (78-82%) e a dispneia.

A principal via de transmissão da TB é a inalação de bacilos da tuberculose a partir de aerossóis, expectorados por indivíduos com TB nas vias respiratórias quando tossem, espirram, falam ou cantam. ,[5051] As partículas mais pequenas dos aerossóis são rapidamente desidratadas, formando pequenos núcleos de gotículas (cerca de 5 pm de diâmetro) que podem permanecer no ar durante muitas horas. Quando inalados, os núcleos de gotículas são suficientemente pequenos para atingir as vias respiratórias distais, enquanto as partículas maiores se depositam nas paredes das vias respiratórias mais proximais e são eliminadas pelo aparelho mucociliar. A via menos comum de infeção com bacilos da tuberculose é a ingestão. Em áreas onde os produtos lácteos não são adequadamente tratados e a tuberculose bovina não foi eliminada, os organismos *de M. bovis* ingeridos podem causar infeção direta do trato gastrointestinal. Nos alvéolos, os bacilos são fagocitados por macrófagos. Os bacilos da tuberculose têm a capacidade de sobreviver e mesmo de se multiplicar no interior dos macrófagos através de estratégias de evasão que não são claramente compreendidas.[52] Dependendo da capacidade de resistência inata do hospedeiro, para a qual se acredita que também contribuem, por exemplo, as células assassinas naturais e os neutrófilos, os bacilos podem ser mortos num processo que conduz à apoptose - uma série programada de eventos intrínsecos a todas as células que conduz à morte celular sem causar inflamação e destruição dos tecidos. O estabelecimento da infeção e outros eventos imunitários podem assim ser evitados. [53] A inibição da apoptose tem sido sugerida como uma estratégia central dos bacilos da tuberculose para a sobrevivência intracelular.[54,55] Se os bacilos forem capazes de sobreviver às defesas iniciais, a proliferação intracelular pode causar necrose celular e libertação dos organismos. A produção subsequente de quimiocinas e citocinas atrai outras células imuno-efectoras que engolfam os bacilos, resultando num maior crescimento intracelular, necrose, inflamação e disseminação local da infeção. Neste processo patológico contínuo, os bacilos da tuberculose são transportados para os gânglios linfáticos regionais pelas células dendríticas - um subconjunto de células fagocíticas especializadas na ativação de linfócitos naive depois de migrarem do local infecioso. [56, 57] A ativação das células T nos gânglios linfáticos ocorre normalmente entre 3 a 8 semanas após a infeção. As células T activadas são o núcleo da imunidade específica mediada por células que pode eventualmente limitar a multiplicação dos bacilos e a propagação da infeção. Paralelamente, desenvolve-se uma hipersensibilidade de tipo retardado (DTH) contra os antigénios da tuberculose. [56]

Os pontos de vista sobre o significado do DTH para a resistência contra a doença são divergentes. O DTH é uma resposta Th1 que envolve mecanismos citotóxicos que levam à morte de macrófagos infectados.[58] Os efeitos prejudiciais do TDH nos pulmões desenvolvem-se quando estão presentes grandes quantidades de bacilos da tuberculose.[59] Quando muitos bacilos se acumulam no interior dos macrófagos, a resposta citotóxica mata não só os macrófagos infectados, mas também parte do tecido circundante, formando assim o centro caseoso do granuloma.[58]

O sistema imunitário do hospedeiro detém a infeção através da formação de uma estrutura denominada granuloma e abate a ameaça iminente de infeção ativa. No entanto, no interior do granuloma, *o M. tuberculosis* passa para um estado dormente ou não replicativo em condições de stress para a sua sobrevivência. Esta infeção persiste nos seres humanos devido à sua capacidade de passar para um estado clinicamente latente sem revelar quaisquer sintomas evidentes de doença, sendo designada por **infeção tuberculosa latente.** Cerca de um terço da população mundial está infetada com LTBI e os indivíduos portadores de LTBI têm um risco vitalício de reativação para doença ativa.[60]

Em 1882, a descoberta do bacilo da tuberculose por Robert Koch foi seguida pela introdução da tuberculina como forma de tratamento da tuberculose em 1890.[61] Inicialmente, Koch não deu pormenores sobre a preparação ou a composição desta substância, que considerava ter potencial diagnóstico e terapêutico, e sublinhou que as suas investigações ainda não estavam concluídas.[23] Esta **"velha tuberculina" de Koch (OT)** foi preparada dissolvendo, num solvente contendo glicerina, o resíduo de culturas de *M. tuberculosis* aquecidas durante várias horas a 1000C e concentradas 10 vezes por evaporação.[20] A substância passou a ser designada por "linfa de Koch". O nome "Tuberculina" tinha sido originalmente expresso por Pohl Pincus em 1884, mas foi ressuscitado por Bujwid em 1891, e Koch decidiu adotar o nome. Esta é a substância que veio a ser conhecida como Old Tuberculin (OT).[23] Koch estava ciente do facto de que as cobaias não infectadas reagiam à injeção subcutânea de tuberculina através da formação de abcessos locais e que podiam tolerar doses muito maiores do que o animal tuberculoso. Koch também notou que as cobaias tuberculosas reagiam à injeção subcutânea de tuberculina através de uma reação inflamatória, necrose, descamação e eventual cicatrização - o fenómeno de Koch. Ele acreditava que este processo destrutivo, que também ocorre no local das lesões tuberculosas, resultaria numa cicatrização semelhante e na destruição dos bacilos da tuberculose. O resultado desastroso desta administração subcutânea de tuberculina é bem conhecido. Muitos doentes morreram em consequência da exacerbação da sua doença após este tratamento.[61] Com tanto entusiasmo internacional, a notícia de que a tuberculina estava a produzir reacções graves e que, longe de ser uma cura mágica, estava a piorar a situação de muitos doentes, foi uma desilusão terrível. As grandes esperanças foram seguidas de tristes desilusões, e Koch tornou-se objeto de críticas consideráveis e até de abusos. Em 1907, produziu o que considerava ser uma versão melhor, a Nova Tuberculina, primeiro o Resíduo de Tuberculina (TR) e mais tarde a Emulsão Bacilar (BE), mas quando estas foram testadas em doentes também se revelaram decepcionantes. Por fim, Koch desistiu completamente da utilização da tuberculina como cura.[23]

Em 1907, o próximo contributo importante foi o de Von Pirquet, que descreveu um teste de diagnóstico seguro, introduzindo a tuberculina na pele através de escarificação.[61] Posteriormente, substituiu esta escarificação pela injeção subcutânea, embora em 1903 Kligmuller a tivesse feito por via intradérmica. Os estudos de Mantoux permitiram-lhe desenvolver um método de diagnóstico de rastreio da tuberculose nos bovinos, posteriormente ensaiado em suínos e equinos. Do mesmo modo, Charles Mantoux realizou estudos experimentais em cobaias para avaliar a reação de hipersensibilidade à tuberculina.[62] Assim, o teste foi melhorado através da injeção da tuberculina na pele, tal como descrito por Charles Mantoux em 1908, e este continua a ser hoje o meio mais fiável de testar a tuberculina.[61]

A OT foi rapidamente adoptada como teste de rastreio da tuberculose ativa e, subsequentemente, para o rastreio da infeção "inativa" ou latente em pessoas aparentemente saudáveis. Foi utilizado um total de 4 ou 5 injecções sequenciais de dosagens graduadas até 1932, quando D'Arcy Hart demonstrou que uma diluição de 1:10 de OT era a concentração mais elevada necessária e que algumas reacções a doses mais elevadas não eram provavelmente devidas ao *M. tuberculosis.*

Fenger et al. verificaram que 92% dos doentes tuberculosos reagiam a 0,01 mg de OT, uma quantidade equivalente a 0,0005 mg de um material mais purificado, o MA-100. As preparações de MA-100 de micobactérias bovinas, aviárias e botânicas provocaram reacções em pessoas não infectadas, sugerindo mais uma vez que as reacções a grandes doses de OT resultaram da sensibilização a micobactérias não tuberculosas. Havia uma clara necessidade de uma tuberculina mais pura, com menor propensão para reacções cruzadas. Florence B. Seibert, do Instituto Henry Phipps, em Filadélfia, estabeleceu que as preparações de OT continham quantidades variáveis de proteínas e polissacáridos e que as proteínas eram os antigénios relevantes da TST. Ela produziu um derivado proteico purificado, um material mais consistente e padronizável do que a OT, vaporizando culturas de *M. tuberculosis* num esterilizador Arnold e purificando as proteínas por precipitação repetida com sulfato de amónio neutro. Em 1939, Seibert preparou um grande lote (PPD lote 49608) que se tornou o padrão de referência para o Bureau of Biologics Standards do Serviço de Saúde Pública dos EUA. Em 1944, este lote passou a chamar-se PPD-S ("S" significa "standard").[20] Em 1952, uma parte deste lote foi adoptada como norma internacional pela OMS. Ainda hoje, todos os outros PPDs devem ser padronizados em relação a este produto. A pedido do Fundo Internacional de Emergência das Nações Unidas para a Infância (UNICEF), foi produzido um grande lote de PPD de tuberculina pelo Statens Serum Institute em Copenhaga, que começou a ser utilizado em 1958. Em conformidade com os produtos PPD anteriores do Statens Serum Institut, foi preparado o novo lote designado PPD RT23. A PPD RT 23 continua a ser utilizada atualmente em todo o mundo.[63]

Por convenção, 5 unidades de tuberculina (UT) é a atividade bioensaiável do teste cutâneo contida em 0,0001 mg de PPD-S. Em 1940, os testes tuberculínicos padrão utilizavam 2 injecções sequenciais: 1 UT ("primeira força") e 250 UT ("segunda força").[20] Em 1942, Furcolow et al. recomendaram a substituição de uma única injeção de 5 UT ("força intermédia"), com base no facto de que 5 UT causava reacções em 99,6% dos doentes com tuberculose ativa. Observaram que mesmo os bebés com menos de 6 meses de idade, e portanto pouco susceptíveis de estarem infectados, reagiriam se fossem administradas doses suficientemente elevadas. No entanto, foi contemporaneamente notado que o PPD de força intermédia era altamente eficaz para identificar pessoas com infiltrados pulmonares tuberculosos ou calcificações.[20] Historicamente, a dose de 10 UT tem sido utilizada em muitos países para efetuar o teste tuberculínico, enquanto que em alguns países a dose padrão utilizada é de 5 UT.[22] Algumas pessoas são intrinsecamente pouco reactivas e noutras a reatividade é reduzida devido a doença avançada, desnutrição e imunossupressão, incluindo a infeção pelo VIH.[5]

Tal como referido por **Robert M. Et al (2002)**[64] , mesmo entre os doentes com tuberculose comprovada, 10 a 20% terão resultados negativos na prova cutânea da tuberculina. Com o tempo, a hipersensibilidade retardada resultante da infeção micobacteriana pode diminuir em algumas pessoas, resultando numa prova cutânea de tuberculina não reactiva. No entanto, o estímulo desta prova tuberculínica negativa pode impulsionar ou aumentar a dimensão da reação a uma segunda prova administrada, resultando numa prova tuberculínica positiva. Além disso, H. **Tayebi Khosroshahi et al (2012)**[65] analisaram que, em doentes imunocomprometidos, o teste da tuberculina com 10 UT apresenta uma melhor resposta imunológica quando comparado com 5 UT.

Condições associadas à diminuição da reatividade ao teste cutâneo da tuberculina [66]
• Infecções virais (VIH, sarampo, papeira, varicela) • Vacinas de vírus vivos (sarampo, papeira, poliomielite, varicela) • TB disseminada (TB miliar, meningite tuberculosa), pleurisia tuberculosa • Outras infecções bacterianas extensas (febre tifoide, tifo, lepra, tosse convulsa) • Insuficiência renal crónica • Malnutrição • Doenças dos órgãos linfóides (doença de Hodgkin, linfoma, doença crónica • leucemia, sarcoidose)

• Tratamento imunossupressor (corticosteróides, quimioterapia, bloqueadores do TNF-a)
• Idade (recém-nascidos, idosos) • Stress (cirurgia, queimaduras)

RESPOSTA IMUNITÁRIA À TUBERCULINA

Uma injeção intradérmica de tuberculina induz uma reação de hipersensibilidade de tipo retardado (DTH) em indivíduos previamente sensibilizados a micobactérias. As reacções DTH, que também incluem a hipersensibilidade de contacto e a hipersensibilidade granulomatosa, são caracterizadas por uma resposta mediada por células com início retardado e reflectem a presença de células T de memória (células CD4 específicas do antigénio de longa duração) que iniciam a reação. Os eventos histológicos e imunológicos da reação de TST foram revistos por **Vukmanovic-Stejic et al (2006)**[56] Após a injeção de tuberculina, as células dendríticas e as células de Langerhans residentes na pele são activadas através de mecanismos imunitários inatos e começam a fagocitar o material antigénico. A subsequente infiltração celular na pele é bifásica: uma reação inespecífica inicial dominada por neutrófilos e monócitos é seguida por um recrutamento mais lento de células T específicas do antigénio. Inicialmente, os macrófagos são activados pelo IFN-y para produzir TNF-a e IL-1. Estas citocinas e quimiocinas pró-inflamatórias actuam nas células endoteliais dos capilares para expressar moléculas de adesão que, por sua vez, se ligam aos receptores dos neutrófilos e os recrutam para o local de inoculação. Esta reação não específica também ocorre em indivíduos não sensibilizados. O influxo de neutrófilos começa em poucas horas e é seguido por uma infiltração crescente de monócitos. O antigénio apresentado pelas células imunes inatas residentes leva à ativação de células T específicas do antigénio, que começam a acumular-se em torno dos vasos sanguíneos dérmicos após cerca de 12 horas. Ainda não foi determinado se as células T são activadas na pele ou nos gânglios linfáticos de drenagem. Após 24 horas, a maioria das células infiltradas são macrófagos, enquanto as células T são maioritárias após 48 horas. O infiltrado celular rompe subsequentemente os feixes de colagénio da derme e expande o tecido. O pico da reação DTH ocorre 48-72 horas após a injeção da tuberculina. [67] O infiltrado celular pode então ser palpável como um endurecimento da pele e é frequentemente acompanhado por edema e eritema devido à dilatação e congestão dos capilares. A formação de vesículas e bolhas indica um elevado grau de sensibilidade à tuberculina e a presença de infeção tuberculosa.[68, 69]

Capítulo 1

APLICAÇÕES DA PROVA CUTÂNEA DA TUBERCULINA

Tal como referido pela American Thoracic Society e pelos Centers for Disease Control and Prevention, o teste cutâneo da tuberculina é frequentemente utilizado no diagnóstico da TB ativa, mas a sua principal utilidade é o diagnóstico da infeção tuberculosa latente (ILTB). Para aumentar o rendimento das actividades de despistagem, recomenda-se uma abordagem orientada que identifique os indivíduos com uma elevada probabilidade de LTBI e/ou um elevado risco de progressão para TB.[70] O objetivo é selecionar indivíduos de alto risco para tratamento preventivo ou vigilância intensificada. Vários ensaios aleatórios demonstraram que o tratamento da ILTB, diagnosticada pelo teste tuberculínico, reduz o risco de TB em 60% a 90%. As situações em que o teste tuberculínico é utilizado são mencionadas a seguir.

Como auxiliar no diagnóstico da tuberculose ativa

Holden M et al (1971)[71] afirmam que a prova tuberculínica é frequentemente utilizada na avaliação de doentes suspeitos de tuberculose. No entanto, a eficácia do teste tuberculínico nesta situação é limitada pela sua sensibilidade relativamente baixa em doentes com tuberculose. Cento e quinze doentes consecutivos com tuberculose ativa documentada foram submetidos a testes cutâneos com tuberculina. Num outro estudo realizado por **Rooney J et al (1976)**[7] 2, cem doentes com tuberculose ativa foram submetidos a testes de reatividade à tuberculina nas 24 horas seguintes à sua admissão no hospital. Os não-reactivos eram clinicamente identificáveis como doentes graves, com manifestações atribuíveis principalmente à depleção de proteínas em resultado da sua doença.

Localização de contactos

Marks SM et al (2000)[73] analisaram que o teste tuberculínico tem um rendimento particularmente elevado nos contactos próximos e constitui um instrumento essencial nas medidas de prevenção da TB quando o tratamento da ILTB é implementado em indivíduos recentemente infectados. A probabilidade de LTBI entre os contactos próximos de um caso de TB contagiosa é geralmente de 30-50%. A infeção tuberculosa recente está associada a um elevado risco de progressão para TB ativa nos primeiros 1-2 anos após a exposição.

Vigilância regular dos profissionais de saúde

A tuberculose (TB) é considerada uma doença profissional entre os trabalhadores do sector da saúde (PS). O contacto direto com doentes com TB conduz a um risco acrescido de infeção latente pelo *Mycobacterium tuberculosis*. O teste TST continua a ser uma estratégia de baixo custo para o rastreio dos profissionais de saúde infectados pelo *M. tuberculosis*[11]

Inquéritos epidemiológicos

A prevalência e o risco anual de infeção (RIA) por bacilos da tuberculose são normalmente utilizados como indicadores do problema da TB em termos epidemiológicos. A estimativa da prevalência e do IRA é obtida através da realização de inquéritos sobre a tuberculina numa amostra representativa da população. Na Índia, os inquéritos sobre a tuberculina tornaram-se populares na década de 1950. Um objetivo importante da estimativa da prevalência da infeção por M. tuberculosis é avaliar a magnitude do problema da tuberculose numa comunidade. Os inquéritos tuberculínicos efectuados em diferentes partes do país revelam que uma elevada proporção da população está infetada com TB. Em média, cerca de 40% da população (de todas as idades) está infetada no nosso país. Esta percentagem aumenta com o aumento da idade e mais de 60-80% da população é tuberculinamente positiva para além dos 40 anos de idade.[74]

Muitos trabalhadores relataram o perfil demográfico e a prevalência da doença de diferentes formas

Jagdish Rawat et al (2008)[46] estudaram o perfil clínico-radiológico de novos casos de tuberculose pulmonar com baciloscopia positiva em adultos jovens e idosos num hospital de cuidados terciários em Dehradun. De um total de 138 doentes, a idade média dos doentes jovens e idosos era de 35,71+ 5,7 anos e 68,57+ 3,03 anos, respetivamente. Vários factores, como o aumento da população idosa, os medicamentos e a reativação de infecções latentes, contribuíram para o aumento da proporção de TB nos idosos.

Mohamed El Bohy et al (2009)[75] realizaram um estudo sobre 150 doentes com suspeita clínica e radiológica de tuberculose pulmonar que foram admitidos no Al Abbasia Chest Hospital entre fevereiro de 2006 e fevereiro de 2007. A idade dos doentes variava entre os 15 e os 85 anos.

Eduardo Hernandez Garduno (2008)[76] afirmou que a taxa de positividade da tuberculina aumenta linearmente com a idade e é mais elevada nos indivíduos do sexo masculino. A análise sugeriu que os homens eram mais susceptíveis de reagir à tuberculina do que as mulheres. Realizou o seu estudo com 59.791 adultos. A taxa global de positividade da tuberculina foi de 32,3 %. A idade média foi de 33 anos (variando de 18 a 96 anos).

Holmes CB (1998)[77] afirmou que, a nível mundial, a prevalência da infeção por Mycobacterium tuberculosis é semelhante em homens e mulheres até à adolescência, sendo depois mais elevada nos homens. Estes resultados levantam a possibilidade de os casos de tuberculose entre as mulheres estarem a ser subnotificados nas regiões em desenvolvimento. Por conseguinte, os Programas Nacionais de Tuberculose devem avaliar as possíveis diferenças entre os sexos que existem nos seus países.

Jagdish Rawat et al (2008)[46] referem que, de um total de 138 doentes, o predomínio do sexo masculino se deve ao facto de, na maioria dos países, os homens terem normalmente mais actividades sociais e laborais do que as mulheres, favorecendo assim a transmissão da doença.

PR Sharma et al (2010)[78] et al realizaram um estudo na Universidade Jawaharlal Nehru, em Nova Deli, e concluíram que a taxa de incidência é mais elevada e a transmissão da infeção é mais rápida no sexo masculino. Além disso, a prevalência da tuberculose pulmonar era mais elevada nos adultos do sexo masculino do que nos do sexo feminino.

S. Aktogu et al (1996)[42] estudaram o espetro clínico da tuberculose pulmonar e pleural: um relatório de 5.480 casos. Quatro mil cento e quinze casos (75%) concentravam-se em grandes áreas urbanas e mil trezentos e sessenta e cinco casos (25%) eram de áreas rurais. A razão apontada foi a rápida e deficiente urbanização não planeada, os bairros de lata sobrelotados e com más condições sanitárias, as más condições económicas e o desemprego. **Thelma E. Tupasi (2000)**[79] avaliou a incidência da tuberculose bacilar nas comunidades rurais e urbanas das Filipinas. Havia 21.960 indivíduos pertencentes a 21 grupos rurais e 15 grupos urbanos. Destes, a incidência foi de 13,9% na área metropolitana de Manila, 27,8% noutras áreas urbanas e 58,3% nas áreas rurais.

A prevalência da infeção representa a proporção de indivíduos infectados com *M. tuberculosis* num determinado momento e é expressa em percentagem. É um indicador importante da situação epidemiológica da TB, uma vez que a proporção da população infetada depende da intensidade da exposição da população suscetível às fontes de infeção. Além disso, os casos de tuberculose ativa emergem do conjunto de indivíduos infectados. A prova da tuberculina é um método simples de deteção da infeção e, uma vez que a infeção é muito mais frequente do que a doença, pode ser medida numa população facilmente acessível. [74] Alguns dos estudos de vários inquéritos sobre a tuberculina efectuados em todo o mundo por diferentes agências são apresentados a seguir:

F. Das Neves Almeida (1964)[80] verificou que a probabilidade de uma pessoa ter tuberculose aumentava progressivamente com a sensibilidade da reação tuberculínica e que existe uma relação direta entre a reação tuberculínica e a prevalência da tuberculose.

No ano de **1960-61**, foi efectuado um estudo no distrito de Tumkur, em Karnataka, por **Raj Narain et al.**[81] De acordo com os dados deste estudo, verificou-se que cerca de 40% da população de todas as idades, de ambos os sexos, estava infetada. A prevalência era semelhante em homens e mulheres até aos 10-19 anos de idade, após o que os homens apresentavam uma prevalência de infeção mais elevada. O estudo também indicou que a percentagem de pessoas infectadas aumenta com a idade, atingindo um máximo por volta dos 40 anos.

O **National Tuberculosis Institute, Bangalore**, realizou um estudo longitudinal **entre 1961 e 1968** nos três taluks do distrito de Bangalore. A prevalência global da infeção variou entre 29,3 e 30,4% do primeiro ao quarto inquérito.[82] As taxas eram significativamente mais baixas do que os 38,3% registados pelo Dr. Raj Narain et al. no distrito vizinho de Tumkur.[81]

Mais uma vez, **Raj Narain et al (1974)**[83] realizaram um inquérito sobre o teste tuberculínico numa população rural do sul da Índia e descobriram que a prevalência da infeção na população era de 30%: 25% para as mulheres e 35% para os homens.

Chakma T et al (1989)[84] em Madhya Pradesh efectuou um inquérito entre as tribos primitivas e a prevalência de infeção entre as crianças com menos de 9 anos foi de 16,9%. A razão para isto pode ser o facto de esta tribo em particular ser conhecida por ter uma elevada taxa de migração durante o verão. Poderiam estar a contrair a infeção junto da população em geral e a propagá-la nas zonas tribais.

V.K. Chadha et al (2005)[85] calcularam o risco anual de infeção por tuberculose em quatro zonas definidas da Índia e concluíram que é mais elevado nas zonas ocidental e setentrional do que nas zonas oriental e meridional da Índia.

V.K. Chadha et al (2003)[86] efectuaram um inquérito comunitário sobre a tuberculina em 48 624 crianças de 590 agrupamentos. Com base na distribuição da frequência do tamanho da reação à tuberculina em 25 816 crianças, a prevalência estimada da infeção em crianças com idades compreendidas entre 1 e 9 anos na zona norte da Índia foi de 10,3% e concluíram que a elevada taxa de infeção por tuberculose na zona norte da Índia sugere a necessidade de intensificar os esforços de controlo da tuberculose.

No que diz respeito aos grupos de alto risco, **Fern R. Hauck et al (2009)**[13] afirmam que os grupos de alto risco de infeção incluem os empregados de instalações de cuidados prolongados, hospitais, clínicas e laboratórios médicos; pessoas que tenham contacto próximo com alguém conhecido ou suspeito de ter tuberculose ativa; e residentes e empregados de instalações de vida em grupo. O rastreio da infeção tuberculosa latente e da tuberculose ativa nos profissionais de saúde e nos contactos próximos é fundamental para o controlo da infeção. Durante cerca de um século, a prova cutânea da tuberculina foi utilizada para detetar a infeção latente por tuberculose.[87]

Rogerio WP et al (2013)[88] estimaram a prevalência de mycobacterium tuberculosis latente entre estudantes da área da saúde numa universidade pública no Brasil através da realização da prova tuberculínica, que se revelou ser de 24%. Assim, é necessário realizar um programa de rotina de testes tuberculínicos, para confirmação, combinado com intervenções para reduzir o risco de transmissão nosocomial no local de trabalho, bem como estudos adicionais para avaliar a eficácia de novos testes para detetar a infeção latente por tuberculose.

Karen Gisele Severo (2013)[89] realizou um estudo para estimar a prevalência de tuberculose latente em profissionais de enfermagem de um hospital brasileiro e afirmou que a tuberculose é considerada uma doença ocupacional entre os profissionais de saúde. Dos 55 profissionais de saúde, 26 apresentaram teste tuberculínico positivo (47,3%).

Rajnish Joshi et al (2006)[90] concluíram que a tuberculose é um problema profissional significativo entre os profissionais de saúde em países de baixo e médio rendimento. O intervalo de prevalência estimado foi de 33% a 79%. Um risco mais elevado de contrair a doença da tuberculose foi associado a determinados locais de trabalho, como instalações de internamento de tuberculose, laboratórios, medicina interna e instalações de emergência.

Noutro estudo realizado por **Devasahayam J. Christopher et al (2010)**[91] no Christian Medical College, 219 jovens estagiários de enfermagem de um total de 436 eram positivos ao teste cutâneo da tuberculina. Entre os profissionais de saúde, os enfermeiros passam mais tempo em contacto com doentes infecciosos e correm maior risco de contrair infecções e doenças.

Ethel Leonor Noia Maciel et al (2005)[92] realizaram um estudo para estimar a prevalência e a incidência da infeção por Mycobacterium tuberculosis em estudantes de enfermagem. Entre os voluntários do estudo, a prevalência de reatividade ao PPD foi de 20,3%, a incidência foi de 10,5% e o risco de infeção por TB foi de 2,4. O objetivo do estudo foi avaliar o impacto do conhecimento sobre as medidas de proteção contra a doença em relação à prática dos estudantes de enfermagem.

Noutro estudo realizado por **Shaharudin Rafiza et al (2011)**[93] , a taxa de prevalência da infeção latente por tuberculose entre os trabalhadores do sector da saúde foi de 10,6 %.

Cesur S et al (2008)[94] estimou a taxa de sensibilidade à tuberculina em 34,6% e 36% nos casos de tuberculose ativa e nos profissionais de saúde, respetivamente. Afirmou que a identificação de doentes com tuberculose latente com este teste é uma parte importante do controlo da doença.

Da Ho Jung et al (2012)[95] avaliaram a prevalência da infeção latente por tuberculose entre os estudantes de medicina na Coreia do Sul. Um total de 153 participantes foram incluídos no estudo, dos quais 23 (15%) eram positivos no teste cutâneo de tuberculina.

Assim, a tuberculose provou ser um grave problema de saúde que está a piorar em vez de melhorar. É perpetuado e exacerbado pelas más condições de vida, pelo aumento da resistência dos bacilos a múltiplos medicamentos antituberculosos, pela síndrome da imunodeficiência adquirida e, sobretudo, pela falta de uma vacina adequada.[96] É um desafio desenvolver vacinas contra agentes patogénicos cujo controlo depende da resposta imunitária celular. A tuberculose não é exceção. A BCG é uma das vacinas mais amplamente administradas em todo o mundo, tendo sido administrada mais de 4 mil milhões de vezes. A BCG faz parte do programa alargado de imunização (PAI) desde o início da década de 1970 e apresenta relativamente poucos efeitos adversos graves.[97] A BCG foi derivada de uma estirpe atenuada de Mycobacterium bovis e foi administrada pela primeira vez a seres humanos em 1921. Existem muitas vacinas BCG disponíveis em todo o mundo; todas são derivadas da estirpe original, mas a eficácia das vacinas varia. De facto, as estimativas de eficácia de ensaios aleatórios e controlados por placebo variam entre 80% e zero. A vacina BCG é segura e raramente causa complicações graves. A resposta tecidular local inicia-se 2 a 3 semanas após a vacinação, com formação de cicatriz e cicatrização no prazo de 3 meses. Os efeitos secundários, mais frequentemente ulceração no local da vacinação e linfadenite regional, ocorrem em 1 a 10 % das pessoas vacinadas. Algumas estirpes de vacina causaram osteomielite em aproximadamente um caso por milhão de doses administradas. A infeção disseminada por BCG e a morte ocorreram em 1 a 10 casos por milhão de doses administradas, embora com imunidade reduzida, como é o caso das crianças com síndrome de imunodeficiência combinada grave (SCIDS). A vacina BCG é recomendada para uso de rotina à nascença em países com elevada prevalência de tuberculose.[34] Apesar da relativa eficácia da BCG em bebés, a principal questão por responder é a razão pela qual a BCG não consegue prevenir a TB pulmonar em adolescentes. Foi proposto que a memória imunológica diminui na adolescência, que é o período mais crítico para a infeção por TB e/ou a sua progressão para doença ativa. O facto de a memória imunológica ser induzida pelo BCG numa idade precoce (recém-nascidos ou lactentes) em que o sistema imunitário ainda não está totalmente maduro pode ser uma explicação. No entanto, outros factores podem também contribuir para diminuir a eficácia do BCG e/ou aumentar a suscetibilidade dos jovens adultos à TB. Estes factores incluem co-infecções com helmintas; vírus que comprometem a imunidade do hospedeiro (um exemplo óbvio e extremo é o VIH); e MNT que podem induzir a regulação imunitária. A infeção por helmintas tem sido associada a um aumento da incidência da TB e a uma redução da eficácia da vacina BCG nas populações afectadas. Estes efeitos moduladores podem ser mediados por um desvio imunitário, por exemplo, a indução de respostas de células T helper 2 (Th2) ou de células T reguladoras (Treg), que reduzem a eficácia da proteção dependente de Th1. Qualquer que seja a explicação para a sua inadequação, o BCG é claramente insuficiente para o controlo mundial da TB.[97]

Por conseguinte, a tuberculose continua a ser uma das causas infecciosas mais comuns de morbilidade e mortalidade, que, apesar de ser uma doença curável e evitável, continua a impor um enorme encargo sanitário e económico à Índia. **O Programa Nacional Revisto de Controlo da Tuberculose (RNTCP)**, baseado na estratégia DOTS (Directly Observed Treatment Short-course) recomendada internacionalmente, foi lançado em 1997 e alargado a todo o país de forma faseada. A cobertura nacional total foi alcançada em março de 2006. O objetivo do programa de controlo da tuberculose é diminuir a mortalidade e a morbilidade devidas à tuberculose e reduzir a transmissão da infeção até que a tuberculose deixe de ser um importante problema de saúde pública na Índia. Atualmente, a visão do Governo indiano é a de uma **"Índia sem tuberculose"**, com uma redução do peso da doença até que esta deixe de ser um problema grave de saúde pública. Para concretizar esta visão, o programa adoptou agora o novo objetivo de alcançar o "acesso universal" a um diagnóstico e tratamento de qualidade para todos os doentes de TB na comunidade. Em especial, até ao final de 2017, o programa pretende atingir os seguintes objectivos

(i) Reforçar e melhorar a qualidade dos serviços básicos DOTS, (ii) Continuar a reforçar e a alinhar-se com o sistema de saúde no âmbito da Missão Nacional de Saúde Rural (NRHM), (iii) Implantar melhores diagnósticos rápidos da TB no terreno, (iv) Alargar os esforços para envolver todos os prestadores de cuidados, (v) Reforçar o controlo da tuberculose urbana, (vi) Alargar o diagnóstico e o tratamento da tuberculose resistente aos medicamentos, **(vii)** Melhorar a comunicação, a divulgação e a mobilização social, (viii) Promover a investigação para o desenvolvimento e a aplicação de melhores instrumentos e estratégias e (ix) Necessidades e lacunas de financiamento. [98]

OBJECTIVOS E FINALIDADE:

1. Para descobrir a prevalência da positividade da tuberculina em diferentes categorias de pessoas utilizando 5 UT de derivado proteico purificado (PPD).

2 Todos os casos negativos serão submetidos ao teste da tuberculina, utilizando 10 UT de PPD no mesmo volume, ou seja, 0,1 ml.

Capítulo 2

MATERIAL E MÉTODO:

O presente estudo foi realizado de novembro de 2011 a agosto de 2013 no Instituto Maharishi Markendeshwar de Ciências Médicas e Investigação, em Mullana, distrito de Ambala. Incluía diferentes categorias de pessoas, nomeadamente casos suspeitos de tuberculose (pulmonar e extrapulmonar), profissionais de saúde, membros do pessoal administrativo e casos conhecidos de tuberculose. Este estudo incluiu um total de 900 casos. A distribuição das diferentes categorias foi efectuada da seguinte forma

1. CASOS SUSPEITOS DE TUBERCULOSE (pulmonar e também extra pulmonar) 600
2. TRABALHADORES DO SECTOR DA SAÚDE100
3. MEMBROS DO PESSOAL ADMINISTRATIVO100
4. CASOS DE TUBERCULOSE COM BACILOSCOPIA POSITIVA 100

SELECÇÃO DE TEMAS

Foi administrada a prova cutânea da tuberculina a um total de 900 indivíduos de diferentes categorias. Os casos suspeitos de tuberculose, quer pulmonar quer extra-pulmonar, incluíam todos os indivíduos que se dirigiam ao departamento de microbiologia do instituto para a administração da prova cutânea da tuberculina. Os profissionais de saúde incluíam os técnicos de laboratório e os enfermeiros de diferentes departamentos do instituto. Os membros do pessoal administrativo foram escolhidos aleatoriamente na secção administrativa do instituto e os casos conhecidos de tuberculose incluíam todos os casos positivos de baciloscopia da doença. Para a realização do estudo, foi obtida a autorização ética do comité de ética do instituto.

MATERIAL UTILIZADO NO ESTUDO

(1) Um frasco de tuberculina de span.

A SPAN'S TUBERCULIN, fabricada pela SPAN'S Diagnostic Limited, GIDC, Sachin 394230 Surat, Índia, foi utilizada para efetuar a prova da tuberculina pelo método de Mantoux. Trata-se de um derivado proteico purificado da estirpe RT 23 com Tween 80, tal como recomendado pela OMS. De acordo com o fabricante, o material de origem foi calibrado com base no lote RT 23 fabricado pelo Statens Serun Institute, Dinamarca.[99] Estão disponíveis concentrações separadas, de modo a que 0,1 ml de cada concentração contenha 10 TU ou 5 TU de PPD.

Além disso, o agente estabilizador utilizado pelo fabricante é o Tween 80 (derivado polioxietileno do mono-oleato de sorbitão). A solução a 0,005% de Tween 80 em solução salina tamponada com fosfato foi o diluente estabilizador mais eficaz.[100]

1 UT é equivalente a 0,00002 mg de RT23

5 UT são equivalentes a 0,00010 mg de RT23

(2) Uma seringa descartável de dose única para tuberculina com agulha de calibre 26 e bisel curto

(3) Uma régua com medidas em milímetros (mm)

(4) Cotonetes com álcool

(5) Um contentor de eliminação de objectos cortantes resistente à perfuração.

(6) Formulários de manutenção de registos

MÉTODO DA PROVA CUTÂNEA DA TUBERCULINA (DIA 1)[101]

O teste foi efectuado pelo método de Mantoux.

No estudo, foram seguidos os seguintes passos para a administração do teste cutâneo da tuberculina

(1) Antes de mais, as mãos eram lavadas e as luvas calçadas.

(2.) O rótulo do frasco de TUBERCULINA da SPAN foi verificado quanto ao prazo de validade e à dosagem de tuberculina.

(3) A data foi registada aquando da abertura do novo frasco.

(4) De seguida, foi explicado ao sujeito todo o procedimento da prova cutânea da tuberculina.

(5) Foram registados os dados do sujeito, ou seja, nome, idade, sexo, residência, estado da vacinação BCG, quaisquer queixas principais e a data de administração do teste.

(6) De seguida, escolhe-se o local do teste. O local preferido foi a zona flexora ou volar do antebraço, de preferência à esquerda, 5 a 10 cm abaixo da articulação do cotovelo. Além disso, a área escolhida estava livre de barreiras (por exemplo, cicatrizes, feridas, margens musculares, veias, pêlos pesados).

(7) O local preferido foi limpo simplesmente com água e sabão e deixado secar.

(8) A parte superior do frasco foi limpa com uma compressa de álcool antes de se deitar a solução de tuberculina.

(9) Seguidamente, segura-se o frasco entre o polegar e os dedos e introduz-se a agulha no interior do frasco.

(10) Em seguida, inverteu-se o frasco e segurou-se firmemente a seringa e o êmbolo, de modo a que a ponta da agulha ficasse abaixo do nível do líquido no frasco.

(11) O êmbolo foi puxado e o PPD foi retirado e, subsequentemente, a agulha foi removida do frasco, batendo ligeiramente na seringa para quebrar as bolhas

(12) De seguida, a área selecionada foi esticada entre o polegar e o indicador da mão não dominante, o bisel da agulha foi virado para cima e, em seguida, o bisel foi lentamente inserido no local num ângulo de 5 a 15 graus.

(13) Em seguida, injectou-se intradermicamente 0,1 ml de 5 UT de SPAN'S TUBERCULIN, tendo em conta que a agulha não deve ser demasiado profunda para evitar

a inserção subcutânea ou demasiado superficial para evitar a fuga do líquido da tuberculina.

(14) A bolha tensa e pálida de cerca de 6 mm a 10 mm formada no local da injeção foi marcada com o marcador e a hora da administração foi registada.

(15) As mãos foram lavadas novamente e o paciente foi lembrado da próxima visita após 48 horas da primeira administração.

(16) A doente foi também informada sobre a comichão ligeira e foi instruída a não coçar o local, a mantê-lo limpo e seco e a não aplicar quaisquer pomadas ou ligaduras adesivas.

(17) Por fim, o frasco de tuberculina do span foi devolvido ao frigorífico ou a qualquer outro recipiente de refrigeração.

INTERPRETAÇÃO DO TESTE (DIA 3)

(1) A reação no local da injeção foi observada visualmente com uma boa luz e numa superfície firme.

(2) A formação dura, densa e elevada, conhecida como endurecimento, foi palpada com as pontas dos dedos, fazendo um movimento ligeiro e suave, varrendo as pontas dos dedos sobre a superfície do antebraço num diâmetro de 2 polegadas nas quatro direcções para localizar as margens do endurecimento.

(3) Os bordos opostos do endurecimento foram marcados com pontos, utilizando uma esferográfica.

(4) Foi medido e registado o endurecimento (não a vermelhidão) transversalmente de um bordo marcado para o outro, utilizando uma régua.

(5) Os resultados positivos/negativos com base no tamanho da induração foram interpretados como

- As indurações que excederam mais de 10 mm foram consideradas positivas.
- As indurações inferiores a 6 mm foram consideradas negativas.

  Foram consideradas duvidosas as indurações que se situavam entre 6 mm e 10 mm.

(6) Os indivíduos que não puderam comparecer no prazo de 48 horas foram agendados

para outro teste cutâneo ou excluídos do estudo.

(7) Os casos duvidosos foram registados como duvidosos e incluídos nos casos negativos do estudo

ADMINISTRAÇÃO DO TESTE DE PELE DE TUBERCULINA COM 10 UT (DIA 3)

Na categoria dos indivíduos negativos, os testes de pele de tuberculina foram repetidos usando 10 UT no mesmo volume, ou seja, 0,1 ml, pelo método mencionado acima. Os resultados foram lidos da mesma forma (vide supra) no dia 5.

RESULTADO:

QUADRO I: DISTRIBUIÇÃO DOS TEMAS POR CATEGORIAS

S.n.	Nome da categoria	N.º de indivíduos
1.	Casos suspeitos de tuberculose	600
2.	Trabalhadores do sector da saúde	100
3.	Membros do pessoal administrativo	100
4.	Casos de tuberculose com baciloscopia positiva	100

Foram seleccionados para o estudo 600 indivíduos da categoria de casos suspeitos de tuberculose e 100 indivíduos da categoria de profissionais de saúde, membros do pessoal administrativo e casos de tuberculose com baciloscopia positiva.

Nome da categoria	S. não	Grupo etário	N.º de indivíduos	Percentagem
Casos suspeitos de tuberculose n = 600	1.	< 20 anos	166	27.7
	2.	21- 40 anos	78	13
	3.	41- 60 anos	179	29.8
	4.	> 60 anos	177	29.5
X^2 = 7,783, *df* = 3, p = 0,0507 > 0,05, NS				
Trabalhadores do sector da saúde n = 100	1.	< 20 anos	20	20
	2.	21- 40 anos	64	64
	3.	41- 60 anos	16	16
	4.	> 60 anos	0	0
X^2 = 90,08, *df* = 3, p = 0,0001 < 0,05, SIG				
Pessoal administrativo membros n = 100	1.	< 20 anos	6	6
	2.	21- 40 anos	60	60
	3.	41- 60 anos	28	28
	4.	> 60 anos	6	6
X^2 = 78,24, *df* = 3, p = 0,0001 < 0,05, SIG				
Casos de tuberculose com baciloscopia positiva n = 100	1.	< 20 anos	2	2
	2.	21- 40 anos	20	20
	3.	41- 60 anos	52	52
	4.	> 60 anos	26	26
X^2 = 51,36, *df* = 3, p = 0,0001 < 0,05, SIG				

A maioria dos indivíduos incluídos no estudo encontrava-se no grupo etário adulto de 21-40 e 41-60 anos de idade entre todas as categorias. (Quadro II)

Nome do categoria	S. não	Sexo	Não.	%	Teste Proporção
Casos suspeitos de tuberculose (n = 600)	1.	Masculino	310	51.7	**Z = 0,478, p=0 ,632 > 0,05, NS**
	2.	Feminino	290	48.3	
Cuidados de saúde trabalhadores (n = 100)	1.	Masculino	42	42	**Z = 2,260, p=0 ,022 < 0.05, S**
	2.	Feminino	58	58	
Membros do pessoal administrativo (n =	1.	Masculino	85	85	**Z = 22,02, p =0 ,0001 < 0.05, S**
	2.	Feminino	15	15	
Esfregaço positivo casos de	1.	Masculino	62	62	**Z = 3,478, p =0 ,0005 < 0.05, S**
	2.	Feminino	38	38	

A maioria dos indivíduos incluídos no estudo era do sexo masculino, exceto na categoria dos profissionais de saúde, em que o sexo feminino era maior. (Quadro III)

Nome do categoria	S. Não	Grupo de áreas	Não.	%	Teste Proporção
Casos suspeitos de tuberculose (n = 600)	1.	Rural	498	83	**Z = 20,36, p = 0,0001 < 0,05, S**
	2.	Urbano	102	17	
Cuidados de saúde trabalhadores (n = 100)	1.	Rural	64	64	**Z = 7,907, p = 0,0001 < 0.05, S**
	2.	Urbano	16	16	
Membros do pessoal administrativo (n = 100)	1.	Rural	85	85	**Z = 13,79, p = 0,0001 < 0,05, S**
	2.	Urbano	15	15	
Casos de esfregaço positivo de tuberculose (n = 100)	1.	Rural	84	84	**Z = 13,05, p = 0,0001 < 0,05, S**
	2.	Urbano	16	16	

A maioria dos indivíduos incluídos no estudo era de zonas rurais.

(Quadro IV)

Nome do categoria	S. Não	Estado do BCG	Não.	%	Teste Proporção
Casos suspeitos de tuberculose (n = 600)	1.	Vacinados com BCG	416	69.3	**Z = 5.887, p = 0.0001 < 0.05, S**
	2.	Não-BBCG vacinado	184	30.7	
Cuidados de saúde trabalhadores (n = 100)	1.	Vacinados com BCG	92	92	**Z = 31.55, p = 0.0001 < 0.05, S**
	2.	Não-BBCG vacinado	8	8	
Membros do pessoal administrativo (n = 100)	1.	Vacinados com BCG	96	96	**Z = 46.20, p = 0.0001 < 0.05, S**
	2.	Não-BBCG vacinado	4	4	
Esfregaço positivo casos de tuberculose (n = 100)	1.	Vacinados com BCG	80	80	**Z = 10.55, p = 0.0001 < 0.05, S**
	2.	Não-BBCG vacinado	20	20	

De um total de 900 casos incluídos no estudo, o número máximo de dos casos, ou seja, 684 casos (76%) foram vacinados com BCG. (Quadro V)

COM 5 TU

S. não	Nome da categoria	N.º de temas	N.º de casos	Percentagem
1.	Casos suspeitos de tuberculose	600	248	41.3
2.	Trabalhadores do sector da saúde	100	20	20
3.	Membros do pessoal administrativo	100	9	9
4.	Casos de esfregaço positivo de tuberculose	100	55	55
$X^2 = 41,07$, *df* = 3, p = 0,0001 <			**0,05, SIG**	

Um total de 248 em 600, 20 em 100, 9 em 100 e 55 em 100 casos foram positivos à prova cutânea da tuberculina na categoria de casos suspeitos de tuberculose, profissionais de saúde, membros do pessoal administrativo e casos positivos de tuberculose com baciloscopia, respetivamente. A prevalência máxima de positividade (55%) foi registada nos casos de tuberculose com baciloscopia positiva, seguida dos casos suspeitos de tuberculose (41,3%), dos profissionais de saúde (20%) e dos membros do pessoal administrativo (9%), sendo estatisticamente significativa. (Quadro VI)

5 TU

QUADRO VII (a). DISTRIBUIÇÃO DOS CASOS POR IDADE

Nome do categoria	S.n.	Faixa etária	N.º de indivíduos n = 600	N.º de casos n =248	%de correspondente grupo	%saída de total positivo
Suspeita casos de tuberculose	1.	<20 anos	166	67	40.3	27
	2.	21- 40 anos	78	22	41.2	8.9
	3.	41- 60 anos	179	86	48	34.7
	4.	> 60 Anos	177	73	28.2	29.4

$X^2 = 15{,}06$, $df = 3$, $p = 0{,}0017 < 0{,}05$, **SIG**

Cerca de dois terços dos casos positivos (64,1%) entre os casos suspeitos de tuberculose situavam-se no grupo etário mais idoso, com mais de 40 anos de idade, em comparação com o grupo etário mais jovem, o que foi estatisticamente significativo. (Quadro VII a)

Nome do categoria	S .não	Sexo	N.º de temas n = 600	N.º de casos n = 248	%de grupo correspondente	% de total positivo
Casos suspeitos de	1.	Masculino	310	132	42.5	53.2
	2.	Feminino	290	116	40	46.8
Z = 0,902, p = 0,366 > 0,05, NS						

Cerca de metade dos casos positivos (53,2%) entre os casos suspeitos de tuberculose eram do sexo masculino, em comparação com o sexo feminino (46,8%), o que foi estatisticamente insignificante (Quadro VII b)

Nome do categoria	S. não	Área	N.º de temas n = 600	N.º de casos n = 248	%de grupo correspondente	% de total positivo
Casos suspeitos de tuberculose	1.	Rural	498	207	41.5	83.5
	2.	Urbano	102	41	40.1	16.5
Z = 12,69, p = 0,0001 < 0,05, SIG						

Mais de dois terços dos casos positivos (83,5%) entre os casos suspeitos de tuberculose eram provenientes de zonas rurais, em comparação com as zonas urbanas, o que foi estatisticamente significativo (Quadro VII c)

QUADRO VII (d). DISTRIBUIÇÃO DOS FACTORES DE RISCO DOS CASOS

Nome do categoria	S.n.	Fator de risco	N.º de casos n=248	% de total positivo	Teste Proporção
Suspeita casos de tuberculose	1.	História anterior de TB Presente Ausente	 101 147	 40.8 59.2	**Z = 2.634, p = 0.0008 < 0.05, S**
	2.	História do contacto Presente Ausente	 80 168	 32.2 67.8	**Z = 5.360, p = 0.0001 < 0.05, S**
	3.	História da fumar Presente Ausente	85 163	34.2 65.8	**Z = 4,68, p = 0.0001 < 0.05, S**
	4.	Historial do álcool abuso Presente Ausente	 65 183	 26.2 73.8	**Z = 7,61, p = 0.0001 < 0.05, S**

O fator de risco mais comum entre os casos positivos de casos suspeitos de tuberculose foi a história pregressa de tuberculose (40,8%) e a história de tabagismo (34,2%), seguida da história de contacto (32,2%) e do abuso de álcool (26,2%), sendo a prevalência de cada um deles superior à dos que não forneceram a história dos respectivos factores de risco. As observações foram estatisticamente significativas. (Quadro VII

QUADRO VIII. POSITIVIDADE DA TUBERCULINA NOS CUIDADOS DE SAÚDE

TRABALHADORES COM 5 TU

QUADRO VIII (a). DISTRIBUIÇÃO DOS CASOS POR IDADE

Nome da categoria	S.n.	Grupo etário	N.º de indivíduos n=100	N.º de casos n=20	%de correspondente grupo	%fora de total positivo
Trabalhadores do sector da saúde	1.	<20 anos	20	8	40	40
	2.	21- 40 anos	64	10	15.6	50
	3.	41- 60 anos	16	2	12.5	10
	4.	>60 anos	0	0	0	0
X^2 = 68,01, *df* = 3, p = 0,0001 < 0,05, SIG						

A maioria dos casos positivos (40%) entre os profissionais de saúde tinha menos de 20 anos de idade, em comparação com o grupo etário dos 21-40 anos (15,6%) e dos 41-60 anos (12,5%), sendo este valor estatisticamente significativo (Quadro VIII a)

Z = 2,87, p = 0,041 < 0,05, SIG

Nome da categoria	S .não	Sexo	N.º de indivíduos n = 100	N.º de casos n = 20	%de grupo correspondente	% do total positivo
Trabalhadores do sector da saúde	1.	Masculino	42	8	19	40
	2.	Feminino	58	12	20.6	60

Mais de metade dos casos positivos (60%) entre os profissionais de saúde eram do sexo feminino, em comparação com os do sexo masculino (40%), o que é estatisticamente significativo. (Quadro VIII b)

QUADRO VIII (c) DISTRIBUIÇÃO DOS SUBGRUPOS DO CASOS

Nome do categoria	S.n.	Subgrupo	N.º de casos n=20	%fora de total positivo
Trabalhadores do sector da saúde	1.	Trabalhadores da Chest & Departamento de	7	35
	2.	Enfermeiras	6	30
	3.	Laboratório técnicos	5	25
	4.	Estudantes de medicina	2	10
X2 = 14,00, *df* = 3, p = 0,0029 < 0,05, S				

O número máximo de casos positivos (35%) entre os profissionais de saúde pertencia ao departamento de tórax e tuberculose, o que indica que os profissionais deste departamento eram mais propensos à infeção. (Quadro VIII c)

Nome do categoria	S.n.	Idade grupo	N.º de indivíduos n = 100	N.º de casos n = 9	%de grupo correspondente	%fora de total positivo
Membros do pessoal administrativo	1.	<20 anos	6	0	0	0
	2.	21- 40 anos	60	4	6.7	44.4
	3.	41- 60 anos	28	5	17.8	55.6
	4.	>60 anos	6	0	0	0
21 X = 1		**02,56, *df* = 3, p = 0**		**.0001 < 0,05, SIG**		

QUADRO IX POSITIVIDADE DA TUBERCULINA ENTRE MEMBROS DO PESSOAL ADMINISTRATIVO COM 5TU

QUADRO IX (a). DISTRIBUIÇÃO DOS CASOS POR IDADE

Todos os casos (100%) entre os membros do pessoal administrativo situavam-se no grupo etário adulto dos 21-40 anos e dos 41-60 anos, em comparação com outros grupos etários, o que foi estatisticamente significativo (Quadro IX a)

Mais de dois terços dos casos positivos (77,8%) entre os membros do pessoal administrativo eram do sexo masculino, em comparação com o sexo feminino (22,2%), o que é estatisticamente significativo (Quadro IX b)

Nome do categoria	S .não	Sexo	N.º de indivíduos n = 100	N.º de casos n = 9	%de grupo correspondente	% de total positivo
Membros do pessoal	1.	Masculino	85	7	8.2	77.8
	2.	Feminino	15	2	13.3	22.2
Z = 9,412, p = 0,0001 < 0,05, SIG						

Nome do Categoria	S.n.	Duração da emprego	N.º de casos n=9	%fora de total positivo
Membros do pessoal	1.	Lessa10 anos	2	22.2
	2.	Mais de 10 anos	7	77.8
	Z = 9.4	**И2, p = 0,0001 < 0,05, SIG**		

QUADRO IX (c). DURAÇÃO DO EMPREGO DOS PROCESSOS

Mais de dois terços dos casos positivos (77,8%) estavam empregados há mais de 10 anos, o que indica que a duração do emprego está relacionada com a ocorrência da doença e é estatisticamente significativa. (Quadro IX c)

QUADRO X. POSITIVIDADE DA TUBERCULINA NA BACILOSCOPIA

CASOS POSITIVOS DE TUBERCULOSE COM 5 TU

QUADRO X (a). DISTRIBUIÇÃO DOS CASOS POR IDADE

Nome do categoria	S. não	Grupo etário	N.º de indivíduos n=100	% n=55	%de correspondente grupo	%fora de total positivo
Casos de esfregaço positivo de tuberculose	1.	<20 anos	2	0	0	0
	2.	21- 40 anos	20	7	35	12.7
	3.	41- 60 anos	52	40	76.9	72.8
	4.	>60 anos	26	8	30.7	14.5

X2 = 126,8, *df* = 3, p = ' 0,0001 < 0,05, SIG

Mais de dois terços dos casos positivos (87,3%) entre os casos de tuberculose com baciloscopia positiva encontravam-se no grupo etário dos idosos e tinham mais de 40 anos de idade, em comparação com os grupos etários mais jovens, o que foi estatisticamente significativo (Quadro X a)

Nome do categoria	S .não	Sexo	N.º de indivíduos n = 100	N.º de casos n = 55	%de grupo correspondente	% de total positivo
Casos de esfregaço positivo de tuberculose	1.	Masculino	62	35	56.4	63.6
	2.	Feminino	38	20	52.6	36.4
Z = 3,997, p = 0,0001 < 0,05, SIG						

Cerca de dois terços dos casos positivos (63,6%) entre os casos de tuberculose com baciloscopia positiva eram do sexo masculino, em comparação com os do sexo feminino (36,4%), o que foi estatisticamente significativo. (Quadro X b)

QUADRO X (c). DISTRIBUIÇÃO DOS CASOS POR ZONA

Nome do categoria	S. nãc	Área	N.º de indivíduos n = 100	N.º de casos n = 55	%de grupo correspondente	% de total positivo
Casos de esfregaço positivo de	1.	Rural	84	48	60.7	87.2
	2.	Urbano	16	7	25	12.8
Z = 15,66, p = 0,0001 < 0,05, SIG						

Mais de dois terços dos casos positivos (87,2%) entre os casos de tuberculose com baciloscopia positiva eram de zonas rurais, em comparação com as zonas urbanas (12,8%), o que foi estatisticamente significativo. (Quadro X c)

S. não	Sintomas	N.º n=55	Percentagem
1.	Tosse	51	92.7
2.	Febre	44	80
3.	Hemoptise	13	23.6
4.	Anorexia	21	38.1
5.	Perda de peso	34	61.9
6.	Suores noturnos	38	69
7.	Dispneia	11	20
8.	Dor no peito	26	47.2
9.	Fraqueza	15	27.2
10.	Mal-estar	4	7.3
$X^2 = 154{,}38$, *df* = 9, p = 0,0001 < 0,05, SIG			

A tosse (92,7%) e a febre (80%) foram os sintomas mais comuns entre os casos positivos de tuberculose, em comparação com sintomas menos comuns, como o mal-estar (7,3%), o que foi estatisticamente significativo. (Quadro X d)

Q SSIONAL DOS CASOS

S. não	Ocupação	N.º n=55	Percentagem
1.	Agricultor	20	36.4
2.	Trabalhador por conta de outrem	14	25.4
3.	Donas de casa	12	21.8
4.	Estudantes	3	5.4
5.	Professor	1	1.9
6.	Enfermeira	1	1.9
7.	Condutor	3	5.4
8.	Contabilista bancário	1	1.9
$X^2 = 100,8$, $df = 7$, $p = 0.0001 < 0,05$, SIG			

As profissões mais comuns entre os casos positivos de casos conhecidos de tuberculose foram os agricultores (36,4%) e os trabalhadores por conta de outrem (25,4%), em comparação com profissões menos comuns, como a de contabilista bancário (1,9%), o que foi estatisticamente significativo. (Tabela X e)

QUADRO X (f). DISTRIBUIÇÃO DOS ANTECEDENTES PESSOAIS DOS CASOS

S. não	Pessoal história		Não.	%	Teste Proporção
1.	Fumar	Presente Ausente	17 38	31 69	**Z = 5,78, p =0 ,0001 < 0.05, S**
2.	Antecedentes de tuberculose	Presente Ausente	8 47	14.5 85.5	**Z = 14,11, p =0 ,0001 < 0.05, S**
3.	História da contacto	Contacto com o agregado familiar Não	18 37	32.8 67.2	**Z = 5,15, p =0 ,0001 < 0.05, S**

A história de contacto foi a mais frequente (32,8%) entre os casos positivos de casos conhecidos de tuberculose, seguida da história de tabagismo (31%), em comparação com o grupo sem contacto e com os não fumadores, e as observações foram estatisticamente significativas. (Quadro X f)

QUADRO XI. ESTADO DE VACINAÇÃO CONTRA A BCG DE TODOS OS CASOS COM 5 TU

Nome do categoria	S. não	BCG vacinação Estado	N.º de temas n = 600	Mantoux positivo	Mantoux Negativo	% mantoux positivo	% mantoux negativo
Casos suspeitos de tuberculose	1.	Vacinado	416	185	231	44.5	55.5
	2.	Não vacinado	184	63	121	34.2	65.8
Z = 1,51, p = 0,129 < 0,05, NS							

Nome do categoria	S .não	BCG vacinação Estado	N.º de temas n = 100	Mantoux positivo	Mantoux Negativo	% mantoux positivo	% mantoux negativo
Trabalhadores do sector da saúde	1.	Vacinado	92	18	74	19.6	80.4
	2.	Não vacinado	8	2	6	25	75
Z = 10,77, p = 0,0001 < 0,05, SIG							

Nome do categoria	S. não	BCG vacinação Estado	N.º de indivíduos n = 100	Mantoux positivo	Mantoux Negativo	% mantoux positivo	% mantoux negativo
Administração vestaff membros	1.	Vacinado	96	9	87	9.4	90.6
	2.	Não vacinado	4	0	4	100	0

Z = 19,57, p = 0,0001 < 0,05, SIG

Nome do categoria	S. não	BCG vacinação Estado	N.º de temas n = 100	Mantoux positivo	Mantoux Negativo	% mantoux positivo	% mantoux negativo
Esfregaço positivo casos de tuberculose	1.	Vacinado	80	39	41	48.8	51.2
	2.	Não vacinado	20	16	4	80	20
Z = 0,337, p = 0,735 > 0,05, NS							

Entre os grupos vacinados com BCG, os casos negativos de mantoux foram de 55,5%, 80,4%, 90,6% e 51,2%, respetivamente, sendo mais elevados do que os casos positivos, o que indica um menor impacto da vacinação na sensibilidade da prova tuberculínica. (Tabela XI)

QUADRO XII. DISTRIBUIÇÃO DO NÚMERO TOTAL DE CASOS POSITIVO COM 10 TU

S. não	Nome do categoria	N.º total de temas	N.º total de indivíduos negativos com 5TU	N.º total de casos positivos com 10 UT	% (fora de casos negativo com 5 TU)	% (fora de total assuntos)
1.	Suspeita caso s de TB	600	352	20	5.6	3.8
2.	Trabalhadore s do sector da	100	80	0	0	0
3.	Administraçã o tivesta ff	100	91	0	0	0
4.	Esfregaço positivo caso s de TB	100	45	10	22.3	12
	Z = 3,492, p = 0,0001 < 0,05, S]				**[G**	

Um total de 20 casos adicionais de 352 casos negativos com 5 UT entre os casos suspeitos de tuberculose e um total de 10 casos adicionais de 45 casos negativos com 5 UT entre os casos de tuberculose com baciloscopia positiva foram positivos com 10 UT de PPD. A percentagem de prevalência da utilização de 10 UT foi maior nos casos de baciloscopia positiva (22,3%) do que nos casos suspeitos (5,6%) de tuberculose e os

resultados foram

estatisticamente significativa. (Quadro XII)

QUADRO XIII. DISTRIBUIÇÃO POR IDADE DOS CASOS POSITIVOS COM 10 TU

Nome da categoria	S.n.	Idade grupo	N.º de casos 5TU n=352	N.º de casos 10 TU n=20	%de correspondente grupo	%fora de total positivo
Suspeita casos de TB	1.	<20 anos	99	6	6	30
	2.	21-40 anos	56	2	3.5	10
	3.	41-60 anos	93	5	5.4	25
	4.	>60 anos	104	7	6.7	35
$X2 = 14{,}01$, $df = 3$, $p = 0{,}0029 < 0{,}05$, SIG						

Nome da categoria	S.n.	Idade grupo	N.º de casos 5TU n=45	N.º de casos 10 TU n=10	%de correspondente grupo	%fora de total positivo
Casos de esfregaço positivo de TB	1.	<20 anos	2	0	0	0
	2.	21- 40 anos	12	0	0	0
	3.	41- 60 anos	20	3	15	30
	4.	>60 anos	11	7	63.6	70

X' = 114,99, *df* = 3, p = 0,0001 < ' 0,05, SIG

Cerca de dois terços dos casos (65%) entre os casos suspeitos de tuberculose eram de grupos etários extremos e todos os casos entre os casos conhecidos de tuberculose tinham mais de 40 anos. (Quadro XIII)

QUADRO XIV. FACTORES ASSOCIADOS QUE CONTRIBUEM PARA BAIXA REACTIVIDADE COM 10 TU

S.n.	Fator associado	Número n=20	Percentagem
1.	Desnutrição	11	55
2.	Casos avançados de TB	3	15
3.	A tomar corticosteróides	2	10
4.	Doença renal	1	5
5.	Sobre a quimioterapia	1	5
6.	Pleurisia	1	5
7.	Diversos	1	5
$X^2 = 141{,}55$, $df = 6$, $p = 0{,}0001 < 0{,}05$, SIG			

A desnutrição foi o fator associado mais comum, presente em 55% dos casos positivos com 10 UT, em comparação com causas menos comuns, como pleurisia, tratamento quimioterápico, doença renal e outros, entre os casos suspeitos de tuberculose, e foi estatisticamente significativo. (Quadro XIV)

QUADRO XV. COMPARAÇÃO DOS RESULTADOS DO PRESENTE ESTUDO COM OS ESTUDOS EFECTUADOS PELOS INVESTIGADORES EM TODO O MUNDO

	No presente estudo	Local de estudo	Outros estudos	Prevalência	Local de estudo
Casos suspeitos de tuberculose	41.3%	Índia	Narain R et al 1960-61 Mayurnath S et al 1984 Hernandez Gardunoet al 2008 Reyes AMC et al 2011	38.3% 33% 32.3% 50.85	Índia Índia Canadá Filipinas
Cuidados de saúde trabalhadores	20%	Índia	Maciel EL et al 2005 Joshi R et al 2006 Ringhausen FC et al 2009 Rogerio WP et al 2013	20.3% 33%-79% 24% 28%	Brasil Índia Alemanha Brasil
Membros do pessoal administrativo	9%	Índia	Schablon A et al 2010 Rafiza S et al 2011	14.7% 10.7%	Alemanha Malásia
Casos conhecidos de tuberculose	55%	Índia	Jha PK et al 2011	55.4%	Índia

Capítulo 3

DISCUSSÃO:

A Índia, que detém a percentagem mais elevada de doentes com *Mycobacterium tuberculosis*, de acordo com o relatório global da OMS sobre a tuberculose (2012)[6] , tem necessidade direta de travar a doença numa fase muito precoce e, doravante, de a erradicar. A sua natureza fatal, juntamente com a crescente resistência aos medicamentos anti-tuberculose, agrava ainda mais a situação. Assim, trabalhar sobre os aspectos que devem levar as pessoas a

É muito necessário estar atento antes do início do processo de doença. Os países desenvolvidos avançaram muito neste domínio. Só os países em desenvolvimento, como a Índia, precisam de mais investigação. Como todos sabemos que a tuberculose é um grave problema de saúde pública no nosso país, o sonho de todos os cidadãos deveria ser utilizar plenamente os meios disponíveis ao nível mais básico para controlar a doença e obter bons cuidados de saúde. No cenário atual, o aspeto do diagnóstico da doença melhorou muito e, todos os dias, os cientistas procuram desenvolver novos e melhores métodos de diagnóstico.

Há um ditado bem conhecido que diz que "o velho é ouro". Assim, um método antigo e eficaz de rastreio e diagnóstico dos doentes com tuberculose tem sido o teste de Mantoux. Este teste dá uma ideia justa sobre o aspeto latente da doença, não só nos casos activos, mas também nos grupos de alto risco, incluindo os empregados de instituições de cuidados prolongados, hospitais, clínicas e laboratórios médicos; e os residentes e empregados de instituições de habitação. Assim, a realização da prova da tuberculina para detetar a infeção tuberculosa latente é uma componente estratégica do controlo da tuberculose que identifica as pessoas com elevado risco de desenvolver tuberculose e que beneficiariam com o tratamento, se fossem detectadas.

A microbiologia, um departamento que se ocupa do agente causal, tem vindo a fornecer este método autêntico de diagnóstico. Os microbiologistas são os intermediários entre os médicos e as pessoas e Deus deu-lhes a oportunidade de lidar com o sofrimento das pessoas de modo a dar-lhes a cura ideal. Têm sido feitos grandes esforços para avaliar a situação da tuberculose em diferentes comunidades. Mas existe um enorme desfasamento entre a parte do fardo da doença e a parte dos esforços efectuados.

Assim, no presente estudo, foi feito um esforço otimista para estimar a prevalência da positividade da tuberculina em diferentes categorias de pessoas, que incluíam os casos clinicamente suspeitos de tuberculose que compareciam no departamento de microbiologia para fazer o teste de Mantoux, os profissionais de saúde e os membros do pessoal administrativo do instituto, bem como os casos conhecidos de tuberculose com baciloscopia positiva (Quadro I). A todos eles foi administrado o teste cutâneo da tuberculina pelo procedimento padrão, utilizando 5 UT de PPD. Na categoria dos casos negativos, o teste foi repetido com 10 UT, para que não se perdesse nenhum caso pouco reativo. Os resultados foram assim obtidos e analisados estatisticamente. Foi também efectuada uma revisão sistemática das publicações que relatam inquéritos sobre a tuberculina para estimar a prevalência da infeção, de modo a comparar os resultados com o trabalho realizado por outros investigadores. No presente estudo, a taxa de positividade do teste de Mantoux nos casos clinicamente suspeitos de tuberculose foi de 41,3% (Quadro VI). A prevalência mais elevada no nosso estudo pode dever-se ao facto de a maior parte dos casos do presente estudo pertencerem ao distrito adjacente de Saharanpur, que é altamente prevalente. De acordo com o último relatório RNTCP TB de 2013, há 21.529 suspeitos de tuberculose examinados este ano em Saharanpur[102] . Ao estudar o perfil demográfico, verificou-se que os doentes do sexo masculino predominavam sobre os do sexo feminino, uma vez que a percentagem de homens era de 53,2% e a de mulheres de 46,8% (quadro VII b). A razão provável pode ser o facto de os homens pertencerem, comparativamente, em maior número à classe trabalhadora, mais especificamente ao sector do trabalho, o que os coloca em maior risco de serem infectados. Além disso, uma das razões pode ser o estigma associado à doença. No nosso país, muitas mulheres com sintomas de tuberculose não procuram assistência médica por receio do estigma social. O tabagismo e o abuso de álcool, que são mais comuns nos homens, também podem aumentar a probabilidade de a tuberculose latente se tornar ativa. Além disso, a maioria dos casos (34,7%) pertencia ao grupo etário idoso de 41-60 anos, seguido de 29,4% no grupo etário de mais de 60 anos (Quadro VII a). A explicação multifatorial para o mesmo seria as doenças subjacentes, a diminuição da função imunitária relacionada com a idade, a má nutrição, o aumento da frequência de reacções adversas a medicamentos e as alterações biológicas associadas ao envelhecimento. A tuberculose é geralmente considerada uma doença dos pobres e dos oprimidos. A maioria dos casos pertencia às zonas rurais, ou seja, 83,5%, enquanto 16,5% dos casos eram provenientes de zonas urbanas (Quadro VII c). Isto pode dever-se a diferentes níveis de desenvolvimento económico, diferenças profissionais, níveis de literacia e também à sobrelotação e deterioração das infra-estruturas de cuidados de saúde nos grupos rurais. Além disso, a localização do instituto onde o estudo foi efectuado situa-se na aldeia de Mullana, o que torna óbvio que a incidência de doentes da vizinhança seria maior.

Foram efectuados inquéritos sobre a prova da tuberculina na Índia por diferentes agências a partir de 1951. No ano de **1960-61**, foi efectuado um estudo no distrito de Tumkur, em Karnataka, por **Narain R et al.**[81] De acordo com os dados deste estudo, verificou-se que mais de um terço (38,3%) da população de todas as idades, de ambos os sexos, estava infetada. A prevalência foi semelhante nos homens e nas mulheres até aos 10-19 anos de idade, após o que os homens apresentaram uma prevalência de infeção mais elevada (42,8%) do que as mulheres (33,9%), atingindo o máximo aos 40 anos de idade. A maioria dos casos (63,8%) registou-se no grupo etário dos 40-49 anos. Durante o estudo longitudinal realizado pelo **Instituto Nacional de Tuberculose de Bangalore, entre 1961 e 1968**, nos três taluks do distrito de Bangalore[82] , a prevalência global da infeção variou entre 29,3 e 30,4% do primeiro ao quarto inquérito. Em todos os inquéritos, a prevalência foi mais elevada nos homens do que nas mulheres. Noutro estudo efectuado por **Mayurnath S et al (1984)**[103] , a percentagem de prevalência global de positividade à tuberculina foi de 33%, sendo a prevalência nos homens superior, ou seja, 42%, e nas mulheres 33%. Globalmente, o presente estudo também é apoiado por **Vijayasekaran D. et al (2006)**[104] e **Hernandez Garduno E et al (2008)**[76] , onde a positividade foi de 34,7% e 32,3%, respetivamente. De acordo com **Reyes AMC et al (2011)**[105] , a positividade foi de 50,8 %. A razão provável pode ser uma taxa de falsa negatividade mais elevada do teste de Mantoux devido a factores como a vacinação com vírus vivos, a administração de corticosteróides, infecções virais, doença tuberculosa grave, etc. Ao estudar o perfil da zona, **Rawat J et al (2007)**[46] estimaram que a prevalência de doentes que vivem em zonas rurais era de 70%, enquanto nas zonas urbanas era de 30%.

Qualquer pessoa pode contrair tuberculose, mas certos factores podem aumentar o risco de contrair a doença. Ao analisar os factores de risco no presente estudo, a maioria dos doentes positivos ao mantoux, ou seja, 40,8%, tinha antecedentes de tuberculose, 34,2% tinha antecedentes de tabagismo, 32,2% tinha antecedentes de contacto e 26,2% tinha antecedentes de abuso de álcool (Quadro VII d). Uma vez que a maioria dos doentes provinha de zonas remotas e não era muito alfabetizada, estes factores podem contribuir para o seu fraco conhecimento sobre a transmissão da doença e para a ignorância em relação à revelação do conceito de tabagismo. Além disso, fumar reduz a função dos pulmões, tornando-os assim vulneráveis à infeção pelos bacilos da tuberculose. Uma vez que a positividade do mantoux é um indicador direto da infeção latente por tuberculose numa comunidade, **Fox GJ et al (2013)**[106] realizaram a investigação de contactos para a tuberculose e avaliaram que a prevalência da infeção latente por tuberculose entre os contactos era de 28,1%. **Nguyen TH et al (2009)**[107] descobriram que a prevalência da infeção latente por tuberculose era de 26-36% em crianças que viviam com doentes com tuberculose em locais remotos. Estudos longitudinais mostraram que, entre as pessoas com teste tuberculínico positivo e sem outros factores de risco, a probabilidade de desenvolver tuberculose ativa é de cerca de 0,1% por ano. O risco é mais elevado em determinadas situações. Os contactos próximos de doentes com TB infecciosa que se tornam tuberculinamente positivos têm um risco de 5-10% de desenvolver TB ativa nos 2-5 anos seguintes e outros 5-10% durante a sua vida. Noutro estudo realizado por **Shananbe K et al (2011)**[108] , que estudou os factores de risco associados ao teste cutâneo da tuberculina, a prevalência de positividade Mantoux em fumadores e alcoólicos foi de 45,2% e 39,9%, respetivamente. **Andrews JR et al (2012)**[109] analisaram 18 estudos e concluíram que a prevalência de infeção latente por tuberculose em casos previamente expostos variava entre 25,5% e 82,4%. Por conseguinte, as revisões acima referidas apoiam significativamente os resultados da positividade do mantoux em vários grupos de factores de risco.

As coisas que procura em todo o lado estão mesmo debaixo do seu nariz. Para travar a doença numa fase inicial, é preciso começar por si próprio, ou seja, a categoria seguinte do estudo, os profissionais de saúde do instituto. Na categoria dos profissionais de saúde, a positividade do teste de Mantoux foi de 20% (Quadro VI). A maioria dos casos era do sexo feminino, ou seja, 60% (Quadro VIII b) e situava-se no grupo etário dos 21-40 (50%) anos, seguido do grupo etário jovem com menos de 20 anos (40%) (Quadro VIII a). Este facto pode ser atribuído à inclusão de um maior número de indivíduos nas respectivas categorias, uma vez que foi incluído no estudo um maior número de enfermeiros jovens (Quadros II e III). Este facto é também preocupante, uma vez que este grupo etário constitui o grupo economicamente mais dinâmico da população. A infeção por tuberculose que afecta a força de trabalho vibrante pode agravar ainda mais a escassez de profissionais de saúde, o que pode prejudicar a prestação de cuidados de saúde no país. Além disso, a maioria dos trabalhadores com teste de Mantoux positivo pertencia ao departamento de tuberculose (35%), seguindo-se os enfermeiros de outros departamentos (30%), a que se seguiram os técnicos de laboratório (25%) e os estudantes de medicina (10%). Isto pode dever-se ao facto de os trabalhadores do departamento de TB permanecerem sempre na proximidade dos doentes com TB, aumentando assim a sua probabilidade de serem infectados. (Quadro VIII c)

Os nossos resultados são apoiados pelos vários outros estudos efectuados sobre o mesmo aspeto por **Maciel EL et al (2005)**[92] , **Ringhausen FC et al (2009)**[110] e **Rogerio WP et al (2013)**[88] e onde a positividade do teste de mantoux foi de 20,3%, 24% e 28%, respetivamente, nos profissionais de saúde. Enquanto **Rafiza S et al (2011)**[93] estimaram a positividade do teste de Mantoux em 10,6% nos profissionais de saúde. A razão provável pode ser atribuída à inclusão de várias categorias de trabalhadores do sector da saúde que estão em menor risco de exposição à TB no local de trabalho. Além disso, **Joshi R et al (2006)**[90] identificaram 42 artigos que consistiam em 51 estudos sobre o mesmo aspeto e comunicaram uma elevada prevalência de LTBI em trabalhadores de instalações de internamento de TB e em enfermeiros. Noutro estudo efectuado por **Warren DK et al (2001)**[111] , a prevalência estimada de positividade ao mantoux nos trabalhadores do sector da saúde foi de 17% e a idade média dos casos foi de 31,5 anos. **Demkow U et al (2008)**[112] avaliaram a prevalência de positividade de mantoux em 34% e 30% nos trabalhadores do departamento de TB e nos enfermeiros, respetivamente.

Na categoria seguinte, a dos membros do pessoal administrativo, a positividade do mantoux foi de 9% (Quadro VI). A maioria dos casos era do sexo masculino (Quadro XI b) e encontrava-se no grupo etário dos adultos (Quadro XI a). Este facto pode ser atribuído à inclusão de um maior número de indivíduos nas respectivas categorias (quadros II e III). Além disso, 88,9% dos indivíduos estavam empregados há mais de 10 anos (Tabela XI c). No mesmo aspeto, **Schablon A et al (2010)**[113] e **Rafiza S et al (2011)**[93] verificaram que a positividade do mantoux nos membros do pessoal administrativo era de 14,7% e 10,7%, respetivamente. **Pai M et al (2005)**[114] também encontraram uma associação entre a prevalência da infeção latente por tuberculose e uma maior duração do emprego. Verificaram que as pessoas empregadas há 10 anos ou mais tinham uma prevalência três vezes superior de infeção latente por tuberculose. A maior duração do emprego estava associada a uma maior exposição cumulativa, aumentando assim a probabilidade de contrair a doença.

Finalmente, os portadores da doença, os casos conhecidos de tuberculose, o grupo mais importante do estudo, foram também analisados através da realização da prova tuberculínica. A prevalência global de positividade à tuberculina foi de 55% (Quadro VI), sendo a maioria homens idosos, agricultores e trabalhadores por conta de outrem pertencentes a zonas rurais. A percentagem de prevalência estimada foi de 63,6% no sexo masculino e de 36,4% no sexo feminino (Quadro X b). Além disso, 72,8% dos casos situavam-se no grupo etário dos 41-60 anos, seguido de 14,5% no grupo etário com mais de 60 anos (Quadro X a). A população pertencente às zonas rurais era de 87,2%, enquanto a das zonas urbanas era de 12,8% (Quadro X c). Por conseguinte, a ocupação da maioria dos doentes era a de agricultores (36,4%) e trabalhadores por conta de outrem (25,4%), seguidos de donas de casa (21,8%) (Quadro X e). Assim, o perfil demográfico deu uma visão justa da prevalência da doença ativa no grupo. A razão provável para este facto foi bem referida acima na categoria dos casos suspeitos. De facto, não existe um conjunto predefinido de sintomas que indiquem claramente a infeção ativa por mycobacterium tuberculosis. Mas a tosse, a febre, a perda de peso, os suores noturnos e os arrepios são os sintomas cardinais da tuberculose e ocorrem na maioria dos doentes. Na categoria acima referida, o sintoma cardinal, ou seja, a tosse e a febre, revelaram-se os principais sintomas, estando presentes em 92,7% e 80%, respetivamente (Tabela X d). Os outros sintomas foram suores noturnos (69%), perda de peso (61,9%), dor no peito (47,2%), anorexia (38,1%), fraqueza (27,2%), dispneia (20%) e mal-estar (7,3%). Os factores de risco associados à doença, como história de tabagismo, história de contacto e exposição anterior à tuberculose, também foram estudados nesta categoria. A taxa de positividade dos doentes com antecedentes de tabagismo foi de 31%, ao passo que a dos que não tinham antecedentes de tabagismo foi de 69%. Uma vez que a probabilidade de tuberculose é sempre maior nos doentes que têm história de exposição anterior com contactos, é sempre benéfico incluir a informação que categoriza os contactos e os não contactos. A história pregressa de tuberculose e a história de contactos foram encontradas em 14,5% e 32,8%, respetivamente. (Tabela X f)

Num estudo realizado por **Jha PK et al (2011)**[115] , a positividade do mantoux em casos de baciloscopia positiva foi de 55,4% e a reatividade foi maior nos homens do que nas mulheres. A falsa negatividade nos restantes doentes pode dever-se a uma anergia à tuberculina que, por sua vez, pode dever-se a possíveis razões como a perda relativa de células produtoras de IL-2, a refractariedade das células produtoras de IL-2 ao estimulador putativo (ou seja, IL-1) e a falta de resposta das células T efectoras à estimulação com IL-2.

Ao estudar o perfil demográfico, nos estudos efectuados por **Aktogu S et al (1996)**[42] e **Rawat J et al (2007)**[46] , os doentes do sexo masculino dominavam os do sexo feminino, enquanto **Rao SK (2010)**[116] analisou o facto de a tuberculose ser mais frequente em doentes idosos do que em grupos etários mais jovens. O perfil de distribuição por área no estudo foi bem apoiado por **Rawat J et al (2007)**[46] , onde a percentagem de doentes que viviam em áreas rurais era de 70%, enquanto nas áreas urbanas era de 30%. **Atiq Ur Rehman M et al (2009)**[47] estudaram as características clínicas, tendo as características clínicas mais comuns sido a febre, a perda de peso e a tosse, presentes em todos os doentes, seguidas de suores noturnos (85,3%), produção (73,1%) e crepitações à auscultação do tórax (68,2%). Na mesma base, o estudo realizado por **El-Sony et al (2003)**[44] apresentou tosse (94,5%), perda de peso (91,6%), febre (78,2%), suores noturnos (62,8%), falta de ar (74,8%), dor torácica (57,7%) e uma proporção menor de hemoptise (19,8%).

No que diz respeito à relação entre a vacinação BCG e o teste tuberculínico, a questão foi estudada por vários trabalhadores, tendo surgido destes estudos relatórios contraditórios sobre o padrão de sensibilidade à tuberculina entre os grupos vacinados com BCG. Em todas as categorias do estudo, entre o grupo vacinado com BCG, os casos negativos de mantoux eram mais numerosos do que os casos positivos de mantoux. No grupo vacinado com BCG, nos casos suspeitos de tuberculose, nos trabalhadores dos serviços de saúde, nos membros do pessoal administrativo e nos casos conhecidos de tuberculose, a percentagem de negatividade do mantoux foi de 55,5%, 80,4%, 90,6% e 83,6%, respetivamente, o que se situa no lado mais elevado da escala, sugerindo que não há grande impacto da vacinação com BCG na sensibilidade da prova da tuberculina (Quadro XI). Apesar da eficácia relativa da BCG nos bebés, a principal questão por responder é a razão pela qual a BCG não consegue prevenir a TB pulmonar nos adolescentes. Foi proposto que a memória imunológica diminui na adolescência, que é o período mais crítico para a infeção por TB e/ou a sua progressão para doença ativa. O facto de a memória imunológica ser induzida pelo BCG numa idade precoce (recém-nascidos ou lactentes) em que o sistema imunitário ainda não está totalmente maduro pode ser uma explicação. No entanto, outros factores podem também contribuir para diminuir a eficácia do BCG e/ou aumentar a suscetibilidade dos jovens adultos à TB. Estes factores incluem co-infecções com helmintas; vírus que comprometem a imunidade do hospedeiro (um exemplo óbvio e extremo é o VIH); e NTM que podem induzir a regulação imunitária.[97] **Chadha VK et al (2004)**[117] afirmaram que a sensibilidade à tuberculina induzida pelo BCG não interfere com a interpretação dos resultados da prova tuberculínica. Outro estudo, realizado por **Hart DD et al (1967)**[118] , afirmava que o grau de proteção conferido pelo BCG não estava relacionado com a extensão da sensibilidade à tuberculina induzida pelo mesmo.

Os estudos acima referidos indicam claramente que a prova tuberculínica é o teste mais utilizado para detetar a infeção por *Mycobacterium tuberculosis*, sendo utilizada em inquéritos epidemiológicos, na avaliação clínica de doentes com tuberculose suspeita e ativa e no rastreio dos profissionais de saúde para detetar a doença numa fase precoce. Infelizmente, a prova tuberculínica tem muitas variáveis que podem afetar a sua interpretação e o seu resultado. Estas incluem a variação da dose e da formulação da tuberculina, a experiência e a técnica de aplicação, o efeito da vacinação anterior com BCG, a idade do indivíduo, a vacinação recente com vacinas vivas e a imunossupressão subjacente. Nas décadas de 1940 e 1950, foi determinada a dose "óptima" de tuberculina. As pessoas com e sem história de exposição à tuberculose foram testadas com doses crescentes de tuberculina e a proporção cumulativa de reactivos foi calculada. A partir destes estudos, concluiu-se que 5 UT era a dose que proporcionava o "melhor" equilíbrio entre sensibilidade e especificidade. Historicamente, a dose de 10 UT tem sido utilizada na Austrália e no Reino Unido para efetuar a prova tuberculínica, enquanto nos Estados Unidos a dose padrão utilizada é de 5 UT. Devido a estas diferenças de dosagem na realização da prova tuberculínica, este estudo teve como objetivo administrar a prova tuberculínica utilizando 10 UT a todos os casos que foram negativos com 5 UT pelos procedimentos padrão.

No presente estudo, todos os casos negativos das diferentes categorias foram submetidos ao teste tuberculínico com 10 UT. Na categoria dos casos suspeitos, dos 352 casos negativos, 20 (5,6%) casos adicionais foram positivos com 10 UT (Quadro XII). A maioria deles (65%) pertencia a grupos etários extremos, sendo 35% com mais de 60 anos e 30% com menos de 10 anos de idade (Tabela XIII). Os factores associados que contribuíram para a baixa reatividade com 5 UT foram a desnutrição, presente em 11 casos (55%), 3 (15%) casos que sofriam de tuberculose avançada, 2 (10%) casos que estavam a tomar corticosteróides, e outros factores atribuíveis foram a doença renal, a pleurisia tuberculosa e o tratamento de quimioterapia, presentes em 1 (10%) cada. Um

Também se registaram causas diversas (10%). (Tabela XIV). Na categoria dos casos conhecidos, dos 45 casos negativos, 10 (22,2%) casos adicionais foram positivos com 10 UT (Quadro XII). Todos eles tinham mais de 60 anos de idade, estavam debilitados e sofriam de TB avançada (Quadro XIII). **Tal** como referido por **Jasmer RM. Et al (2002)**[64] , mesmo entre os doentes com tuberculose comprovada, 10 a 20 por cento terão resultados negativos na prova cutânea da tuberculina. Com o tempo, a hipersensibilidade retardada resultante da infeção micobacteriana pode diminuir em algumas pessoas, resultando numa prova cutânea de tuberculina não reactiva. No entanto, o estímulo desta prova tuberculínica negativa pode impulsionar ou aumentar a dimensão da reação a uma segunda prova administrada, resultando numa prova tuberculínica positiva. Além disso, **Khosroshahi HT et al (2012)**[65] analisaram que, em doentes imunodeprimidos, o teste tuberculínico com 10 UT apresenta uma melhor resposta imunológica quando comparado com 5 UT. Tal como referido pela American Thoracic Society e pelos Centers for disease control and prevention, existem várias condições associadas à diminuição da reatividade da prova tuberculínica.[66]

1. Infecções virais (VIH, sarampo, papeira, varicela)
2. Vacinas de vírus vivos (sarampo, papeira, poliomielite, varicela)
3. TB disseminada (TB miliar, meningite tuberculosa), pleurisia tuberculosa
4. Outras infecções bacterianas extensas (febre tifoide, tifo, lepra, tosse convulsa)
5. Insuficiência renal crónica
6. Malnutrição
7. Doenças dos órgãos linfóides (doença de Hodgkin, linfoma, leucemia crónica, sarcoidose)
8. Tratamento imunossupressor (corticosteróides, quimioterapia, bloqueadores do TNF-a)
9. Idade (recém-nascidos, idosos)
10. Stress (cirurgia, queimaduras)

A positividade de Mantoux na desnutrição tem sido objeto de controvérsia. No presente estudo, a maioria dos casos positivos com 10 UT eram malnutridos, o que pode ser explicado por Harland e Muray rt al. **Harland (1965)**[119] sugeriu que as crianças com crescimento subnormal tinham uma reação tuberculínica reduzida após a vacinação BCG. **McMurray et al (1981)**[120] afirmaram que as reacções de hipersensibilidade retardada ao PPD foram significativamente reduzidas em todas as crianças subnutridas oito semanas após a administração de BCG à nascença. Isto é atribuído a um comprometimento significativo das funções imunitárias secretoras e mediadas por células, bem como a deficiências nos níveis de complemento e na atividade fagocítica na malnutrição. Os casos com pleurisia tuberculosa e causas diversas podem ser explicados por **Herbert W. Berger (1973)**[121] . Ele afirmou que os mecanismos que explicam os resultados temporariamente negativos incluem a realização do teste antes de a sensibilidade à tuberculina se ter desenvolvido, a hipossensibilização transitória devido ao derrame de um grande volume de líquido pleural em casos de pleurisia, a adsorção da tuberculina na seringa de vidro e erros na realização e interpretação do teste.

RESUMO E CONCLUSÃO:

No presente estudo, a prevalência da positividade da tuberculina foi calculada em diferentes categorias de pessoas, nomeadamente casos suspeitos de tuberculose, profissionais de saúde, membros do pessoal administrativo e casos positivos de tuberculose, utilizando 5 UT de derivado proteico purificado (PPD) segundo o procedimento padrão. Todos os casos negativos foram ainda submetidos a 10 UT de PPD no mesmo volume, ou seja, 0,5 ml, para que os casos com baixa reatividade não passassem despercebidos.

Entre a categoria dos casos suspeitos de tuberculose, a prevalência de positividade da tuberculina foi de 41,3%, utilizando 5 UT de PPD.

- Cerca de dois terços dos casos positivos (64,1%) encontravam-se no grupo etário dos idosos, com mais de 40 anos, o que indica que, com o avançar da idade, a sensibilidade da tuberculina aumenta, aumentando assim a probabilidade da doença. ($p < 0.05$)
- Mais de metade dos casos positivos (53,2%) eram do sexo masculino em comparação com os do sexo feminino (46,8%).
- Mais de dois terços dos casos positivos (83,5%) eram de zonas rurais em comparação com os de zonas urbanas (16,5%). ($p < 0.05$)
- A percentagem de positividade da história pregressa de tuberculose foi de 40,8%. ($p < 0.05$)
- A percentagem de positividade da história de contacto foi de 32,2%.

$(p < 0.05)$

- A história de tabagismo e de abuso de álcool foi referida por 40,3% e 31% dos casos positivos. $(p < 0.05)$

Entre a categoria dos profissionais de saúde, a prevalência de positividade da tuberculina foi de 20%, utilizando 5 UT de PPD.

- A maioria dos casos era do sexo feminino, ou seja, 60%, e situava-se no grupo etário dos 21-40 anos (50%), seguido do grupo etário jovem com menos de 20 anos (40%), o que pode ser atribuído à inclusão de um maior número de indivíduos nas respectivas categorias, uma vez que foi incluído no estudo um maior número de enfermeiros jovens. $(p < 0.05)$
- O número máximo de casos positivos nesta categoria foi registado no departamento de tuberculose (35%), seguido dos enfermeiros de outros departamentos (30%), a que se seguiram os técnicos de laboratório e os estudantes de medicina; 25% e 10%, respetivamente.$(p < 0,05)$

Na categoria dos membros do pessoal administrativo, a prevalência de positividade da tuberculina foi de 9%, utilizando 5 UT de PPD.

- O número máximo de casos positivos registou-se no grupo etário idoso dos 41-60 anos (55,6%), seguido de 44,4% de casos no grupo etário dos 21-40 anos. $(p < 0.05)$
- A população masculina foi predominante (77,8%) em comparação com a feminina (22,2%). $(p < 0.05)$
- A maioria dos casos positivos (77,8%) estava empregada há mais de 10 anos, indicando que a duração do emprego tem relação com a ocorrência da doença. $(p < 0.05)$

Entre os casos de tuberculose com baciloscopia positiva, a prevalência de positividade da tuberculina foi de 55%, utilizando 5 UT de PPD.

- Mais de dois terços dos casos positivos (87,3%) encontravam-se no grupo etário dos idosos e tinham mais de 40 anos, o que indica que, com o avançar da idade, a probabilidade de doença aumenta.
  ($p < 0.05$)
- A população masculina foi predominante (63,6%) na comparação com a feminina (36,4%). ($p < 0.05$)
- A tosse (92,7%) e a febre (80%) foram os sintomas clínicos mais comuns, em comparação com os outros sintomas, nos casos positivos de tuberculose com baciloscopia positiva. ($p < 0.05$)
- O número máximo de casos positivos (87,2%) nesta categoria era proveniente de zonas rurais e, por conseguinte, de agricultores (36,4%) e trabalhadores por conta de outrem (25,4%). ($p < 0.05$)
- Na categoria em questão, a positividade foi maior nos não fumadores (69%). ($p < 0.05$)
- A percentagem de positividade dos doentes com história prévia de tuberculose foi de 14,5%. ($p < 0.05$)
- A percentagem de positividade dos doentes com história de contacto com a tuberculose foi de 32,8%. ($p < 0.05$)

Em todas as categorias supramencionadas, todos os casos negativos foram submetidos à prova da tuberculina com 10 UT e resumidos da seguinte forma

- Um total de 23 casos adicionais (5,6%) dos 352 casos negativos entre os casos suspeitos de tuberculose e um total de 10 casos (22,3%) dos 45 casos negativos entre os casos de tuberculose com baciloscopia positiva foram positivos com 10 UT de PPD, em comparação com as categorias de profissionais de saúde e membros do pessoal administrativo, em que nenhum caso foi positivo com 10 UT. ($p < 0.05$)
- Cerca de dois terços dos casos positivos (65%) entre os casos suspeitos de tuberculose

pertenciam a grupos etários extremos. ($p < 0.05$)

- Todos os casos de esfregaço positivo pertenciam ao grupo etário dos idosos e tinham mais de 40 anos.
- O fator associado mais comum entre os casos suspeitos de tuberculose foi a desnutrição, presente em 55% dos casos, seguida de casos avançados de tuberculose (15%), de corticosteróides (10%), seguidos de doença renal, quimioterapia, pleurisia tuberculosa e causas diversas, com 5% cada. ($p < 0.05$)
- Todos os casos (22,3%) entre os casos de tuberculose com baciloscopia positiva sofriam de tuberculose avançada.

Em suma, entre todas as categorias estudadas, a prevalência da positividade do teste de Mantoux foi mais elevada entre os casos conhecidos de tuberculose, seguida dos casos suspeitos de tuberculose, dos trabalhadores do sector da saúde e menos elevada entre os membros do pessoal administrativo. Embora o teste de Mantoux não seja um teste específico ou de diagnóstico da tuberculose, é um teste simples, barato, auxiliar, fácil de executar e interpretar e é um método muito aceite para rastrear o aspeto latente da doença. A partir de agora, o rastreio periódico, especialmente das categorias acima mencionadas, para definir os níveis de risco, deve ser a chave para um controlo eficaz da tuberculose.

Vários factores como extremos de idade, sexo masculino, residência rural, antecedentes de tuberculose, história de contacto, tabagismo, alcoolismo e trabalho no departamento de tuberculose contribuíram para o aumento da prevalência da positividade do teste de Mantoux no presente estudo. Assim, deve ser dada especial atenção aos doentes com os factores acima mencionados, que devem ser imediatamente rastreados com o teste de Mantoux antes de se proceder a outras investigações. Além disso, os grupos com as doenças subjacentes que contribuem para a diminuição da imunidade devem ser reprogramados para a realização da prova cutânea da tuberculina com 10 unidades de tuberculina, para que não se perca nenhum caso pouco reativo.

BIBLIOGRAFIA:

1. Sharma SK, Mohan A. Tuberculosis: De um flagelo incurável a uma doença curável - viagem ao longo de um milénio. Indian J Med Res. 2013;137(3):455-93

2. Miqliori GB, D Ambrosiol L, Centis R. Tuberculosis: an ancient and evergreen disease. Eur Respir Rev. 2011;20:69-70

3. Zuniga J, Torres-Garcia D, Santos-Mendoza T, Rodriguez-Reyna TS, Granados J. Cellular and humoral mechanisms involved in the control of tuberculosis. Yunis EJ. Clin Dev Immunol. 2012;2012:193923

4. Myneedu VP, Visalakshi P, Verma AK, Behera D e Bhalla M. Prevalência de casos de TB XDR - Um estudo retrospetivo de um hospital terciário de TB. Indian J of Tuberculosis. 2011;58:54-59

5. J.M. Grange. Tuberculose. In: William J Hausler Jr, Max Sussman. Topley and Wilson's Microbiology and Microbial infections. 9th Edition.Vol3. Grã-Bretanha: Arnold publishers; 1998.p. 391-417

6. Organização Mundial de Saúde - Relatório Global sobre a Tuberculose 2012. Disponível em : www.who.int/tb/publications/global_report/gtbr12_main.pdf. Acedido em 22-08-2013.

7. TB Índia 2012. Programa Nacional de Controlo da Tuberculose revisto relatório anual sobre a situação . Disponível em: http://tbcindia.nic.in/pdfs/TB%20India%202012- %20Annual%20Report.pdf. Acedido em 07-09-2013.

8. Azizi MH e Bahadori M: Uma breve história da tuberculose no Irão durante os séculos 19th e 20th . Arquivos de Medicina Iraniana. 2011;14:215-219

9. B. Watt, A Rayner, Gillian Harris. Mycobacterium. Em: J.G Collee, A.G Fraser, B.P Marmion, A.Simmons. Mackie McCartney practical medical microbiology. 14th edition. Nova Deli: Elsvier India Pvt. Ltd; 2008.p. 329-341

10. Forrellad MA, Klepp LI, Gioffre A, Sabio y Garcia J, Morbidoni HR, de la Paz Santangelo M *et al.* Virulence factors of the mycobacterium tuberculosis complex. Virulence. 2013;4(1):3-66

11. Jordão L e Vieira OV. Tuberculose: Novos aspectos de uma doença antiga. International J of Cell Biology. 2011;2011:403623

1 2McNerney R, Maeurer M, Abubakar I, Marais B, McHugh TD, Ford N *et al.* Tuberculosis diagnostics and biomarkers: needs, challenges, recent advances, and oppurtunities. J Infect Dis. 2012;205:S147-158

1 3.Hauck FR, Neese BH, Panchal AS e El-Amin W. Identification and management of latent tuberculosis infection. American Family Physician. 2009;79:879-886

1 4Kasprowicz VO, Churchyard G, Lawn SD, Squire SB, Lalvani A. Diagnosticar a tuberculose latente em indivíduos de alto risco: enfrentar o desafio em zonas de elevada incidência. J Infect Dis. 2011; 204:S1168-78

15. Druszczynska M, Kowalewicz-Kulbat M, Fol M, Wlodarczyk M, Rudnicka W. Latent M. Tuberculosis infection-pathogenesis , diagnóstico, tratamento e estratégias de prevenção. Pol J Microbiol. 2012;61:3-10

16. Ayub A, Yale SH, Reed KD, Nasser RM, Gilbert SR. Testing for latent tuberculosis. Clin Med Res. 2004;2:191-194

17. Severo KG, Oliveira Jda S, Carneiro M, Valim AR, Krummenauer EC, PossueloLG . J OccupMed Toxicol. Tuberculose latente em profissionais de enfermagem de um hospital brasileiro. 2011;6(1):15

18. Oliveira SM, Ruffino-Netto A, Paniago AM, Oliveira OA, Marques M, Cunha RV *et al.* Teste tuberculínico cutâneo: investigação operacional em no estado de Mato Grosso do Sul, Brasil. J Braz Pneumol. 2011;37(5):646-654

19Gopi PG, Subramani R, Nataraj T & Narayanan PR. Impact of BCG vaccination on tuberculin surveys to estimate the annual risk of tuberculosis infection in south India. Indian J Med Res. 2006;124:71- 76

20. Lee E, Holzman RS. Evolução e utilização atual do teste da tuberculina. Clin Infect Dis. 2002;34(3):365-370

21. Esmail H, Barry CE 3rd, Wilkinson RJ. Understanding latent tuberculosis: the key to improved diagnostic and novel treatment strategies (Compreender a tuberculose latente: a chave para um melhor diagnóstico e novas estratégias de tratamento). Drug Discov Today. 2012;17(9-10):514-521

22. Stuart RL, Bennett N, Forbes A e Grayson ML. Uma comparação emparelhada dos resultados do teste cutâneo da tuberculose em profissionais de saúde utilizando 5 TU e 10 TU de tuberculina. Thorax. 2000;55:693-695

23. Sakula A. Robert Koch: Centenário da Descoberta do Bacilo da Tuberculose, 1882. Can Vet J. 1983;24(4):127-131

24. Bhatia R. The Mycobacteria. Em; Sharma SK, Mohan A.editores. Tuberculosis 2nd edition. Nova Deli, Jaypee brothers medical publishers (P) Ltd, 2009; Capítulo 6.p. 102-7

25. Malaga W, Constant P, Euphrasie D, Cataldi A, Daffe M, Reyrat JM, *et al.* Decifrar as bases genéticas da diversidade estrutural dos glicolípidos fenólicos em estirpes do complexo Mycobacterium tuberculosis. J Biol Chem. 2008;283(22):15177-84

26. de Jong BC, Hill PC, Brookes RH, Gagneux S, Jeffries DJ, Otu JK, *et al.* Mycobacterium africanum elicita uma resposta atenuada das células T ao alvo antigénico segregado precocemente, 6 kDa, em doentes com tuberculose e nos seus contactos domésticos. J Infect Dis. 2006;193(9):1279-86.

27. de Jong BC, Hill PC, Aiken A, Jeffries DJ, Onipede A, Small PM, *et al.* Apresentação

clínica e resultados de doentes com tuberculose infectados por M. africanum versus M. tuberculosis. Int J Tuberc Lung Dis. 2007;11(4):450-6

28. Collins CH. O bacilo da tuberculose bovina. Br J Biomed Sci. 2000; 57(3):234-40

29. Goh KS, Legrand E, Sola C, Rastogi N. Rapid differentiation of "Mycobacterium canettii" from other Mycobacterium tuberculosis complex organisms by PCR-restriction analysis of the hsp65 gene. J Clin Microbiol. 2001;39(10):3705-8

30. Cvetnic Z, Katalinic-Jankovic V, Sostaric B, Spicic S, Obrovac M, Maijanovic S, *et al.* Mycobacterium caprae em bovinos e seres humanos na Croácia. Int J Tuberc Lung Dis. 2007;11(6):652-8

31. Xavier Emmanuel F, Seagar AL, Doig C, Rayner A, Claxton P, Laurenson I. Infecções humanas e animais com Mycobacterium microti, Escócia. Emerg Infect Dis. 2007;13(12):1924-7

3 2Cousins DV, Bastida R, Cataldi A, Quse V, Redrobe S, Dow S, *et al.* Tuberculose em focas causada por um novo membro do complexo Mycobacterium tuberculosis: Mycobacterium pinnipedii sp. nov. Int J Syst Evol Microbiol. 2003 Sep;53(Pt 5):1305-14

33. Mycobacterium: Tuberculosis In; Ananthanarayan R, Paniker CKJ. Editores. Textbook of Microbiology 8th edition. Hyderabad, University Press (India) Private limited, 2009; chapter. 39. p. 347-58

34. Harrison TR, Braunwald E, Fauci AS, Kasper DL, Hauser SL, Longo DL. Princípios de Medicina Interna.2001;15(1):1024-34

35. Weber AL, Bird KT, Janower ML. Primary tuberculosis in childhood with particular emphasis on changes affecting the tracheobronchial tree. Am J Roentgenol Radium Ther Nucl Med. 1968;103(1):123-32

36. Leung AN, Muller NL, Pineda PR, Fitz Gerald JM. Tuberculose primária na infância:

manifestações radiográficas. Radiology. 1992;182(1):87-91

37. Sakhelashvili MI, Platonova IL, Lapovets Nle, Kapral Ola, Kiromasova NI, Mazhak KD *et al.* Métodos de diagnóstico laboratorial na tuberculose pulmonar primária em adultos. Lik Sparva. 1998;(1):95-9

38. Merino JM, Alvarez T, Marrero M, Anso S, Elvira A, Iglesias G *et al.* Microbiology of pediatric primary pulmonary tuberculosis. Chest. 2001;119(5):1434-8

39. Shewchuk JR, Reed MH. Pediatric postprimary pulmonary tuberculosis. Pediatr Radiol. 2001;32(9):648-51

40. Mert A, Bilir M, Tabak F, Ozaras R, Ozturk R, Senturk H *et al.* Tuberculose miliar: manifestações clínicas, diagnóstico e resultados em 38 adultos. Respirologia. 2001;6(3):217-24

41. Nakao S, Takeda A, Mastsumoto H, Sasaki N, Sato K, Fujita Y *et al* [Um caso de tuberculose pulmonar complicada com tuberculose múltipla dos ossos e das articulações]. Kekkaku. 2000;75(6):429-34

42. Aktogu S, Yorgancioglu A, Cirak K, Kose T, Dereli MS. Clinical spectrum of pulmonary and pleural tuberculosis: a report of 5,480 cases. Eur Respir J. 1996;9:2031-35

43. Aguado JM, Herrero JA, Gavalda J, Torre-Cisneros J, Blanes M, Rufi G *et al.* Apresentação clínica e resultados da tuberculose em receptores de transplantes de rim, fígado e coração em Espanha. Grupo Espanhol de Estudo da Infeção em Transplantes, GESITRA. Transplantation. 1997;63(9):1278- 86

44. El-Sony AI, Mustafa SA, Khamis AH, Sobhi S, Enarson DA, Baraka OZ *et al.* Sintomas em doentes que frequentam serviços para diagnóstico de tuberculose pulmonar por baciloscopia, cultura e PCR utilizando tecnologia universal de processamento de amostras. J Clin Microbiol. 2005;43(9):4357-62

45. English RG, Bachmann MO, Bateman ED, Zwarenstein MF, Fairall LR, Bheekie A *et al.* Precisão diagnóstica de uma diretriz respiratória integrada na identificação de doentes com sintomas respiratórios que requerem rastreio da tuberculose pulmonar: um estudo transversal. BMC Pulm Med. 2006;25:6-22

46. Rawat J, Sindhwan G, Juyal R. Clinico-radiological profile of new smear positive pulmonary tuberculosis cases among young aduls and elderly people in tertiary care hospital at Dehradun (Uttarakhand). Indian J Tuberc. 2008;55:84-90

47. Atiq-ur-Rehman M, Naseem A, Hussain T. Comparação do rendimento do diagnóstico de AFB com indução da expetoração com o exame espontâneo da expetoração na suspeita de tuberculose pulmonar. J Coll Physicians Surg Pak. 2009;19(8):506-9

48. Kamal SMM, Mahmud AM, Ahsan CR, Islam R, Sarwar G, Rahman M *et al.* Utilização da cultura de micobactérias para o diagnóstico de casos de tuberculose com baciloscopia negativa entre os novos pacientes externos do NIDCH, Dhaka. Bangladesh J Med Microbiol. 2009;03(01):23-6

4 9Morehead RS. Tuberculose da pleura. South Med J. 1998;91(7):630-6

50. Riley RL, Mills CC, Nyka W, Weinstock N, Storey PB, Sultan LU *et al.* Disseminação aérea da tuberculose pulmonar. Um estudo de dois anos sobre o contágio numa enfermaria de tuberculose em 1959. Am J Epidemiol. 1995;142(1):3-14

51. Loudon RG, Roberts RM. Expulsão de gotículas do trato respiratório. Am Rev Respir Dis. 1967;95(3):435-42

52. Flynn JL, Chan J. Immunology of tuberculosis (Imunologia da tuberculose). Annu Rev Immunol. 2001;19:93-129

53. Hoft DF. Desenvolvimento da vacina contra a tuberculose: objectivos, conceção imunológica e avaliação. Lancet. 2008;372(9633):164-75

54. Lee J, Remold HG, Ieong MH, Kornfeld H. Macrophage apoptosis in response to high intracellular burden of Mycobacterium tuberculosis is mediated by a novel caspase

independent pathway. J Immunol. 2006;176(7):4267-74

55. Wiker HG, Mustafa T, Malen H, Riise AM. Abordagens de vacinas para prevenir a tuberculose. Scand J Immunol. 2006;64(3):243-50

56. Vukmanovic-Stejic M, Reed JR, Lacy KE, Rustin MH, Akbar AN. O teste de Mantoux como modelo de uma resposta imunitária secundária em seres humanos. Immunol Lett.2006;107(2):93-101

57. Mellman I, Steinman RM. Dendritic cells: specialized and regulated antigen machines. Cell. 2001;106(3):255-8

58. Dannenberg AM, Jr. Patogénese da infeção pulmonar por Mycobacterium bovis: princípios básicos estabelecidos pelo modelo do coelho. Tuberculosis (Edinb). 2001;81(1-2):87-96

59. Dannenberg AM, Jr. Mecanismos imunitários na patogénese da tuberculose pulmonar. Rev Infect Dis. 1989;11Suppl 2:S369-78.

60. Patel K, Jhamb SS, Singh PP. Models of latent tuberculosis: their salient features, limitations, and development. J Lab Physicians. 2011;3(2):75-9

61. Dickson RC. O teste da tuberculina. Canad Med Ass J.1965;92:25-29

6 2Mazana JS. A tuberculose e os seus epónimos: Charles Mantoux (18771947). Rev Esp Sanid Penit. 2009;11(1):17-23

63. Furcolow ML, Hewell B, Nelson WE, Palmer CE. Estudos quantitativos da reação tuberculínica. Titulação da sensibilidade à tuberculina e sua relação com a infeção tuberculosa. Publ Health Rep. 1941;56:1082-100

64. Jasmer RM. Infeção latente da tuberculose. N Eng J Med. 2002;347:1860-6

65. Khosroshahi HT, Shojaie EA, Habibzadeh D, Hajipour B. Comparação dos resultados dos testes tuberculínicos de 5 UI e 10 UI em doentes em diálise crónica. Saudi J Kidney Dis Transpl. 2012;23(4):823-6

66. American Thoracic Society e os Centros de Controlo e Prevenção de Doenças. Padrões

de Diagnóstico e Classificação da Tuberculose em Adultos e Crianças. Esta declaração oficial da American Thoracic Society e dos Centers for Disease Control and Prevention foi adoptada pelo Conselho de Administração da ATS, em julho de 1999. Esta declaração foi aprovada pelo Conselho da Infectious Disease Society of America, em setembro de 1999. Am J Respir Crit CareMed. 2000 Apr;161(4 Pt 1):1376-95

67. Menzies R. Teste cutâneo da tuberculina. In: Reichman LB, Hershfield ES, editores. Tuberculosis: a comprehensive international approach. New York: Marcel Dekker, Inc; 2000. p. 279-322

68. Sociedade torácica americana. O teste cutâneo da tuberculina. Am Rev Respir Dis.1981;124:356-63

69. El-Ansary EH, Grange JM. Qualitative differences in tuberculin reactivity in patients with tuberculosis, occupational contacts and noncontacts. Tubercle.1984;65(3):191-4.

70. American Thoracic Society (ATS) e os Centros de Controlo e Prevenção de Doenças (CDC). Teste tuberculínico direcionado e tratamento da infeção tuberculosa latente. Esta declaração oficial da American Thoracic Society foi adoptada pelo Conselho de Administração da ATS, em julho de 1999. Esta é uma declaração conjunta da American Thoracic Society (ATS) e dos Centers for Disease Control and Prevention (CDC). Esta declaração foi aprovada pelo Conselho da Sociedade de Doenças Infecciosas da América. (IDSA), setembro de 1999, e as secções desta declaração. Am J Respir Crit Care Med. 2000 Apr;161(4 Pt2):S221-47

71. Holden M, Dubin MR, Diamond PH. Frequência de sensibilidade negativa à tuberculina de força intermédia em doentes com tuberculose ativa. N Engl J Med. 1971;285(27):1506-9

72. Rooney JJ, Jr., Crocco JA, Kramer S, Lyons HA. Further observations on tuberculin reactions in active tuberculosis. Am J Med. 1976;60(4):517-22

73. Marks SM, Taylor Z, Qualls NL, Shrestha-Kuwahara RJ, Wilce MA, Nguyen CH.

Resultados das investigações de contacto de doentes com tuberculose infecciosa. Am J Respir Crit Care Med. 2000;162(6):2033-8

7 4.Suganthi p. Prevalence of tuberculosis infection in india- a review of the published data. Boletim NTI. 2003; 39 / 1&2:15-23

75. El Bony M, Raafat H, Aly F, El-Aziz MA. Comparação entre o tubo indicador de crescimento de micobactérias, os sistemas bactec 460 tb e o meio Lowenstein-jensen para a deteção de mycobacterium tuberculosis. Egyptian Journal of Bronchology. 2009;3(2):102-8

76. Hernandez-Garduno E, Elwood RK. The prevalence and predictors of tuberculin positivity in subjects screened for reason other than contact investigation. Can Respir J.2008;15(4):181-7

77. Holmes CB, Hausler H, Nunn P. A review of sex differences in the epidemiology of tuberculosis. Int J Tuberc Lung Dis. 1998;2(2):96-104

7 8.Sharma P, Jain S, Bamezai R, Tiwari P. Increased prevalence of pulmonary tuberculosis in male adults of Sahariya tribe of India: A revised survey. Indian J Community Med. 2010;35(2):267-71

79. Tupasi TE, Rivera AB, Villa LA, Quelapio, Co VM, Balagtas E, Cardano R *et al.* Bacillary tuberculosis in rural and urban communities in the Philippines. Phil J Microbiol Infect Dis. 2000;29(2):73-9

80. Almeida F das S, Almeida JM. Relação entre o grau de sensibilidade à tuberculina e a prevalência da tuberculose. Boletim do Órgão Mundial de Saúde. 1964;30:519-28

81. Narain R, Geser A, Jambunathan MV & Subramanian M; Inquérito sobre a prevalência da tuberculose no distrito de Tumkur; Ind J Tub 1963;10:85-116

82. Instituto Nacional da Tuberculose, Bangalore; Tuberculose numa população rural do sul da Índia - Um estudo epidemiológico de cinco anos; Boletim da OMS 1974;51:473-488

83. Narain R, Anantharaman DS, Diwakara AM. Prevalence of non specific tuberculin senstivity in certain parts of India (Prevalência de sensibilidade não específica à tuberculina em certas partes da Índia). Bull World Health Organ. 1974;51(3):273-8
84. Chakma T, Vinay Rao P, Pall S, Kaushal LS, Manjula D & Tiwary PS. Survey of pulmonary TB in a primitive tribe of Madhya Pradesh; Ind J Tub 1996; 43:85-9
85. Chadha VK, Agarwal SP, Kumar P, Chauhan LS, Kollapan C, Jaganath PS *et al.* Risco anual de infeção por tuberculose em quatro zonas definidas da Índia - um quadro comparativo. International J Tuberc lung Dis. 2005;9:569-75
86. Chadha VK, Vaidyanathan PS, Jaganatha PS, Unnikrishnan KP & Mini PA. Risco anual de infeção por tuberculose na zona norte da Índia. Boletim da Organização Mundial de Saúde. 2003;81:573-80
87. Nienhaus A, Schablon A, Costa JT, Diel R. Revisão sistémica do custo e da relação custo-eficácia de diferentes estratégias de rastreio da TB. BMC Health Serv Res. 2011;11:247
88. Rogerio WP, Baraona CM, do Prado TN, Lacerda TC, Carlesso GF, Maciel EL. Prevalência de infeção latente por mycobacterium tuberculosis entre estudantes da área de saúde de uma universidade pública de Vitória, Espírito Santo, Brasil. Cien Saude Colet. 2013;18(5):1331-9
89. Severo KG, Oliveira Jda S, Carneiro M, Valim AR, Krummenauer EC, Possuelo LG. Tuberculose latente em profissionais de enfermagem de um hospital brasileiro. J Occup Med Toxicol. 2011;6(1):15
90. Joshi R, Reingold AL, Menzies D e Pai M. Tuberculosis among health care workers in low and middle - income countries: Uma revisão sistémica. PLOS Med. 2006;3(12):e494
91. Christopher DJ, Daley P, Armstrong L, James P, Gupta R, Premkumar B *et al.* Tuberculosis infection among young nursing trainees in south India (Infeção por

tuberculose entre jovens estagiários de enfermagem no sul da Índia). PLOS one. 2010;5:e10408

92. Maciel EL, Viana MC, Zeitoune RC, Ferreira I, Fregona G, Dietze R. Prevalência e incidência de infeção por mycobacterium tuberculosis em estudantes de enfermagem em Vitória, Espírito Santo. Rev Soc Bras Med Trop. 2005;38(6):469-72

93. Rafiza S, Rampal KG, Tahir A. Prevalência e factores de risco de infeção latente por tuberculose entre os profissionais de saúde na Malásia. BMC Infect Dis. 2011;11:19

94. Cesur S, Hoca NT, Tarhan G, Cimen F, Ceyhan I, Annakkaya AN *et al.* Avaliação do quantiferon-TB gold e do teste cutâneo da tuberculina em doentes com tuberculose, contactos próximos de doentes, profissionais de saúde e pessoal de laboratório de tuberculose. Mikrobiyol Bul. 2010;44(4):553-60

95. Jung da H, Jo KW, Shim TS. Prevalência da infeção latente por tuberculose entre estudantes de medicina na Coreia do Sul. Tuberc Respir Dis (Seoul). 2012;73(4):219-23

96. Crowle AJ. Immunization against Tuberculosis: what kind of vaccine? Infect Immun. 1988;56(11):2769-73.

97. Ottenhoff TH, Kaufmann SH. Vaccines against tuberculosis: where are we and where do we need to go? Plos Pathog. 2012;8(5):e100260

98. Sachdeva KS, Kumar A, Dewan P, Kumar A, Satyanarayana S. New vision for Revised National Tuberculosis Control Programme (RNTCP): Universal access - "reaching the un-reached". Indian J Med Res. 2012;135(5):690-4

99. Magnusson M, Guld J, Magnus K, Waaler H. Diluentes para a estabilização da tuberculina. Boletim da Organização Mundial de Saúde. 1958;19:799-828

100. Bleiker MA & Griep WA. A estabilização da tuberculina. Boletim da Organização Mundial de Saúde. 1965;33:375-383

101. Centers for disease control and prevention CDC-Mantoux tuberculosis skin test facilitator guide, Part I; março de 2003. Disponível em: http://www.cdc.gov/tb/education/mantoux/part1.htm . Acedido em 0709-2013

102. TB Índia 2012. Programa Nacional de Controlo da Tuberculose revisto relatório anual sobre a situação . Disponível : http://www.tbcindia.nic.in/pdfs/TB%20India%202013.pdf.Assessed em 12-09-2013

103. Mayurnath S, Anantharaman DS, Baily GVJ & Radhamani MP; Inquérito sobre a prevalência da tuberculose no vale de Caxemira. Indian J Med Res. 1984;80:129-140

104. Vijayasekaran D, Kumar RA, Gowrishankar NC, Nedunchelian K, Sethuraman S. Mantoux e positividade de contacto na tuberculose. Indian J Pediatr. 2006;73(11):989-93

105. Reyes AMC, Sanchez L, Ong-Lim LA, Gonzales MLM. A paired comparison of tuberculin skin test results in children with clinical manifestations of tuberculosis using 2 TU and 5 TU tuberculins. Jornal da Sociedade de Doenças Infecciosas Pediátricas das Filipinas. 2011;12(2):56-65

106. Fox GJ, Barry SE, Britton WJ, Marks GB. Investigação de contacto para a tuberculose: uma revisão sistemática e meta-análise. Eur Respir J. 2013;41(1):140-56

107. Nguyen TH, Odermatt P, Slesak G, Barennes H. Risk of latent tuberculosis infectioninchildren living in households with doentes com tuberculose: um inquérito transversal no remoto norte da República Democrática Popular do Laos. BMC Infect Dis. 2009;9:96

108. Shanaube K, Hargreaves J, Fielding K, Schaap A, Lawrence KA, Hensen B *et al.* Factores de risco associados a resultados positivos dos testes cutâneos QuantiFERON-TB gold in-tube e tuberculina na Zâmbia e na África do Sul. PLoS One. 2011;6(4):e18206

109. Andrews JR, Noubary F, Walensky RP, Cerda R, Losina E, Horsburgh CR. Risk of progression to active tuberculosis following reinfection with mycobacterium tuberculosis. Clin Infect Dis. 2012;54(6):784-91

110. Ringhausen FC, Schlosser S, Nienhaus A, Schablon A, Schultze-Werninghaus G, Rohde G. In hospital contact investigation among health care workers after exposure to smear negative tuberculosis. J Occup Med Toxicol. 2009;4:11

111. Warren DK, Foley KM, Polish LB, Seiler SM, Fraser VJ. Tuberculin skin testing of physicians at a midwestern teaching hospital: a 6-year prospective study. Clin Infect Dis. 2001;32(9):1331-7

112. Demkow U, Broniarek-Samson B, Filewska M, Lewandowska K, Maciejewski J, Zycinska K *et al.* Prevalência de infeção latente por tuberculose em profissionais de saúde na Polónia avaliada por interferongama no sangue total e testes cutâneos de tuberculina. J Physiol Pharmacol. 2008;59:209-217

113. Schablon A, Harling M, Diel R, Nienhaus A. Risco de infeção latente por TB em indivíduos empregados no sector dos cuidados de saúde na Alemanha: um estudo de prevalência multicêntrico. BMC Infectious Diseases. 2010;10(107),

114. Pai M, Gokhale K, Joshi R, Dogra S, Kalantri S, Mendiratta DK *et al.* Mycobacterium tuberculosis infection in health care workers in rural India (Infeção por Mycobacterium tuberculosis em profissionais de saúde na Índia rural). JAMA. 2005;293(22):2746-55

115. Jha PK, Gurung R, Gyawati N, Nepal HP, Bardal DD, Bhattacharya SK. Reatividade à tuberculina em indivíduos vacinados com bacilos calmette Guerin com tuberculose pulmonar positiva na expetoração. Jornal da Faculdade de Ciências Médicas-Nepal.2011;7(1):28-35

116. Rao SK, Kumar HA, Rudresh BM, Srinivas T, Bhat KH. Estudo comparativo e avaliação da atividade da adenosina deaminase sérica no diagnóstico da tuberculose pulmonar. Biomedical Research. 2010;2:189-94

117. Chadha VK, Jaganath PS, Kumar P. Tuberculin sensitivity among children vaccinated with BCG under universal immunization programme. Indian J Pediatr. 2004;71(12):1063-8

118. Hart DD, Sutherland I, Thomas J. The immunity conferred by effective BCG and variations induced tuberculin sensitivity and the technical variations in the vaccines. Bull Int Union Tuberc Lung Dis 1967;97:48-201

119. Harland PSEG. Reacções à tuberculina em crianças malnutridas. Lancet. 1965;2:719-721

120. McMurray DN, Scott A, Loomis, Casazza LJ, Ray H, Miranda R. Development of impaired cell mediated immunity in mild and moderate undernutrition. Am J Clin Nutr. 1981;34:*68-77*

121. Herbert W. Berger. Pleurisia Tuberculosa. Chest. 1973;63(1):88-92

MIX
Papier aus verantwortungsvollen Quellen
Paper from responsible sources
FSC® C105338

Printed by Books on Demand GmbH, Norderstedt / Germany